本书部分效果

BEACH
Summer

EYE
what is essential is invisible to the eye.

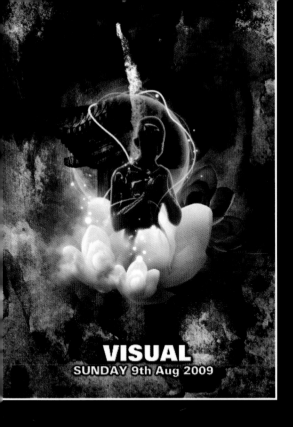

VISUAL
SUNDAY 9th Aug 2009

天黑请闭眼

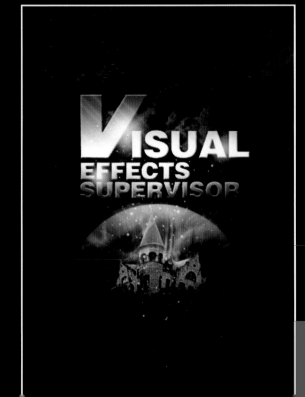

**VISUAL
EFFECTS
SUPERVISOR**

高等教育艺术设计精编教材

Photoshop CS4 图像处理

姜 科 罗晓梅 编著

清华大学出版社

北 京

内 容 简 介

本书将 Photoshop CS4 图像处理的学习内容归纳整理为认识 Photoshop CS4、图像绘制、上色调色、图像合成、特效制作五个主要学习任务，并围绕这五个任务分章节进行讲解，同时将各个知识点贯穿其中。各章内容的介绍都以实例操作为主，并辅以详尽的操作步骤及图片说明，使读者能快速地掌握平面设计的方法。各章最后设有习题，使读者能够巩固并检验所学的知识。

本书适合作为本、专科学生的图像处理教材，也可作为广大平面爱好者的自学参考书。

图书在版编目（CIP）数据

Photoshop CS4 图像处理/姜科，罗晓梅编著. —北京：清华大学出版社，2011.5
高等教育艺术设计精编教材
ISBN 978-7-302-24870-5

Ⅰ．①P…　Ⅱ．①姜…②罗…　Ⅲ．①图形软件，Photoshop CS4－高等学校－教材
Ⅳ．①TP391.41

中国版本图书馆 CIP 数据核字（2011）第 017313 号

责任编辑：张龙卿
责任校对：李　梅
责任印制：杨　艳

出版发行：清华大学出版社	地　　址：北京清华大学学研大厦 A 座
http://www.tup.com.cn	邮　　编：100084
社　总　机：010-62770175	邮　　购：010-62786544
投稿与读者服务：010-62776969，c-service@tup.tsinghua.edu.cn	
质　量　反　馈：010-62772015，zhiliang@tup.tsinghua.edu.cn	

印　刷　者：北京嘉实印刷有限公司
装　订　者：三河市新茂装订有限公司
经　　销：全国新华书店
开　　本：210×285　印　张：19.25　插　页：2　字　数：546 千字
版　　次：2011 年 5 月第 1 版　　印　　次：2011 年 5 月第 1 次印刷
印　　数：1～3000
定　　价：45.00 元

产品编号：039192-01

前言

Photoshop 是目前世界上使用最广泛、功能最强大的图像处理软件之一。本书主要以软件图像处理功能为重点,以 Adobe 公司最新推出的 Photoshop CS4 版本为基础进行讲解。书中介绍了 Photoshop CS4 中文版的基本操作方法和图像处理技巧,同时强调了新版本新增功能的应用技巧。

本书将 Photoshop 图像处理的学习归纳整理为四个主要学习任务,即图像绘制、上色调色、图像合成、特效制作,围绕这四个任务分章节进行讲解。将各个知识点贯穿其中,包括软件主要功能概述,系统的启动,操作界面的认识,图形图像的基本概念及术语,工具箱常用方法,路径工具的使用,图像基本编辑和处理,图像色彩调整,文本的输入与编辑,图层、通道和蒙版的概念及使用方法,滤镜及常用特殊效果的制作等。各章内容的介绍都以实例操作为主,实例操作之前介绍要用到的基础知识、应用方法及使用技巧,提示重点、难点。操作实例都辅以详尽的操作步骤,关键步骤均辅以图片,使读者能快速清晰地掌握使用方法,提高实际操作能力。在每章的最后均设有习题,使读者能够巩固并检验该章所学的知识。

本书脉络清晰,重点、难点明确,案例丰富,步骤简捷,操作性强,适合作为本科和高等职业院校的学生计算机图像处理相关课程的教材,也可作为广大图像处理和平面设计爱好者的自学参考书。

在本书编写过程中,陈文军、张海霞、仇谷烽、周迅、梁云高、张利波、张万春、李桂花、曹珍珠、王军茹、周鸣扬、李士良、徐巍、牛宇、李枝梅、雷湘、霍仕环、詹强也参加了部分内容的编写及校对工作,在此一并表示感谢。

由于时间仓促,书中可能存在不足之处,欢迎广大读者多提宝贵意见。

编 者

2011 年 2 月

目　录

第一篇　认识 Photoshop CS4

第二篇　图像处理中的图形 —— 图像绘制

第三篇　图像处理中的色彩 —— 上色调色

第五篇　图像处理中的效果添加 ——特效制作

第一篇　认识 Photoshop CS4

第1章

掌握Photoshop基础知识

学习目标

- 理解 Photoshop 基础概念
- 明确 Photoshop 学习目的
- 掌握 Photoshop 图像处理的四大基本功能

1.1 Photoshop概述

Photoshop 软件是目前世界上使用最为广泛的图像处理软件之一,已推出 Photoshop CS4 版本,从专业设计从业人员到普通的用户,都可以根据自己的需要学习和使用软件。Photoshop 的功能强大,可以应用于平面设计、网页设计、影像合成等各个领域。在此将 Photoshop 的主要功能归纳为图像绘制、上色调色、图像合成、特效制作四个方面,并针对这四大部分功能进行重点学习。

1.2 图像处理基础知识

1.2.1 矢量图/位图及分辨率

1. 矢量图

矢量是既有大小又有方向的量。矢量图形就是用一系列直线或曲线来描述图形。矢量图形最大的特点是不论怎么缩放,都不会影响图像的显示质量,不会失真,如图 1-1 所示。

图 1-1 矢量图

2. 点阵图

点阵图又称位图、栅格图像、像素图,简单地说,就是由像素构成的图。位图缩放时会失真。位图就是通过像素阵列的排列来实现其显示效果的,每个像素有自己的颜色信息。在对位图图像进行编辑操作时,可操作的对象是每个像素。可以通过改变图像的色相、饱和度、透明度,改变图像的显示效果,如图 1-2 所示。

图 1-2 点阵图

3. 分辨率

图像分辨率（Image Resolution）是指一定单位面积内所含像素的多少，即图像中存储的信息量。分辨率有多种衡量方法，典型的是以每英寸的像素数（ppi）来衡量。例如，图像分辨率为 72ppi，它表示在 1 平方英寸面积内有 72×72（5184）个像素。在同一幅图像中，单位面积的像素越多，图像自然也就越清晰，否则会出现马赛克效果。

点阵图的质量与分辨率密切相关，如图 1-3 所示。

高分辨率　　　　　　　　中分辨率　　　　　　　　低分辨率

图 1-3　不同分辨率的点阵图对比

1.2.2　图像的色彩模式

色彩模式提供了一种用数值来协调一致地表示色彩的方法。可以使用 RGB 或 CMYK 等颜色模型并以多种方式来描述颜色。在处理图像时，可以使用一种颜色模型来指定颜色。在 Photoshop 中，可以选择适合图像的颜色以及确定如何使用这些颜色，如图 1-4 所示。

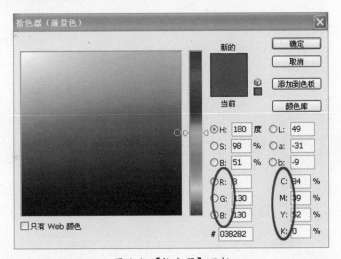

图 1-4　【拾色器】面板

在 Photoshop 中，文档的颜色模式决定了用于显示和打印所处理的图像的颜色模型。Photoshop 的颜色模式基于颜色模型，而颜色模型对于印刷中使用的图像非常有用。设计时可以从以下颜色模式中选择：RGB（红色、绿色、蓝色），CMYK（青色、洋红、黄色、黑色），Lab 颜色（基于 CIE L×a×b）和灰度。Photoshop 还包括用于特殊色彩输出的颜色模式，如索引颜色和双色调。颜色模式决定了图像中颜色的数量、通道数和文件大小。颜色模式还决定了可以使用哪些工具和文件格式。如图 1-5 所示为与颜色模式相关的菜单选项。

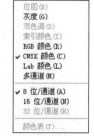

图 1-5 【图像】/【模式】
菜单选项

处理图像中的颜色时，将会调整文件中的数值。可以简单地将一个数值视为一种颜色，但这些数值本身并不是绝对的颜色，只是在生成颜色的设备的色彩空间内具备一定的颜色含义。

1. RGB 模式

光的显示模式的特点是由红（Red）、绿（Green）、蓝（Blue）三原色光来合成各种颜色。RGB 模式具备加色混合的特点，光谱中的所有颜色都是由这三种波长以不同强度的组合而构成的。

RGB 颜色模式使用 RGB 模型，并为每个像素分配一个强度值。在 8 位 / 通道的图像中，彩色图像中的每个 R、G、B 分量的强度值为 0（黑色）～ 255（白色）。当所有分量的值均为 255 时，颜色显示结果是纯白色；当这些值都为 0 时，颜色显示结果是纯黑色，如图 1-6 所示。

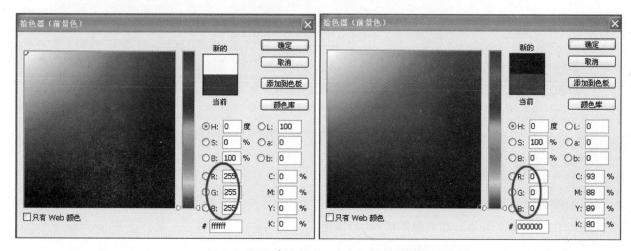

图 1-6 RGB 颜色模式下白色与黑色的数值

2. CMYK 模式

在 CMYK 模式下，可以为每个像素的每种印刷油墨指定一个百分比值。为较亮（高光）颜色指定的印刷油墨颜色百分比值较低；而为较暗（阴影）颜色指定的百分比值较高。由青色（Cyan）、洋红（Magenta）、黄色（Yellow）、黑色（Black）四色混合可以构成各种颜色的模式。它与 RGB 模式相反，是一种减色混合而构成各种颜色的模式。在 CMYK 图像中，当四种分量的值均为 0 时，就会产生纯白色；均为 100% 时，产生黑色，如图 1-7 所示。

在制作符合印刷要求的图像时，应使用 CMYK 模式。RGB 图像可以转换为 CMYK 图像，但会产生分色。如果源图像是 RGB 模式，则最好先在 RGB 模式下编辑，然后在编辑结束时再转换为 CMYK 模式。在 RGB 模式下，可以使用【校样设置】命令模拟 CMYK 转换后的效果，而无须更改图像数据。当然，也可以使用 CMYK 模式直接处理扫描或导入的 CMYK 图像。

尽管 CMYK 是标准颜色模式，但是其准确的颜色范围会随印刷和打印条件而变化。Photoshop 中的 CMYK 颜色模式会根据用户在【颜色设置】对话框中指定的工作空间的不同而有所区别。

3. Lab 模式

Lab 模式是 Photoshop 在不同颜色模式之间转换时使用的内部颜色模式，这种颜色模式能毫无偏差

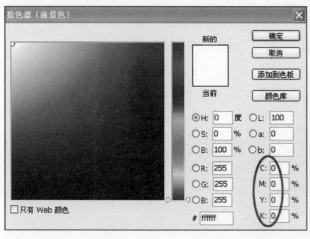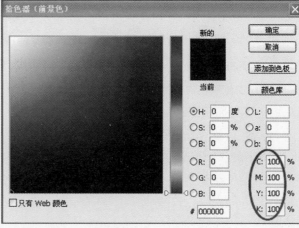

图 1-7　CMYK 颜色模式下白色与黑色的数值

地在不同系统和平台之间进行转换。Lab 模式中，L 代表光亮度分量，范围是 0 ～ 100；a 表示从绿色到红色的光谱变化，b 表示从蓝色到黄色的光谱变化，范围是 − 128 ～ 127。

Lab 图像可以存储为 Photoshop、Photoshop EPS、大型文档格式（PSB）、Photoshop PDF、Photoshop Raw、TIFF、Photoshop DCS 1.0 或 Photoshop DCS 2.0 格式。48 位（16 位 / 通道）Lab 图像可以存储为 Photoshop、大型文档格式（PSB）、Photoshop PDF、Photoshop Raw 或 TIFF 格式。

在打开文件时，DCS 1.0 和 DCS 2.0 格式会将文件自动转换为 CMYK 模式。

4. 灰度模式（Grayscale）

灰度模式可以表现丰富的色调，但只能在图像中使用不同的灰度级。在 8 位图像中，最多有 256 级灰度。灰度图像中的每个像素都有一个 0（黑色）～ 255（白色）之间的亮度值。在 16 位和 32 位图像中，图像中的级数比 8 位图像要多得多。灰度值也可以用黑色油墨覆盖的百分比来度量，0% 等于白色，100% 等于黑色。

5. 位图模式（Bitmap）

位图模式使用黑色或白色两种颜色值之一表示图像中的像素。位图模式图像又称黑白图像，或 1 位图像（因为其位深度为 1），这种模式要求的磁盘空间最少。但在位图模式下不能制作色彩丰富的图像。

6. 双色调模式（Duotone）

双色调模式通过 1 ～ 4 种自定油墨创建单色调、双色调（两种颜色）、三色调（三种颜色）和四色调（四种颜色）的灰度图像，它可以增加灰度图像的色调范围。在 Photoshop 中，双色调被当做单通道、8 位的灰度图像。

7. 索引颜色模式（Index）

索引颜色模式可生成最多 256 种颜色的单通道 8 位图像文件。当转换为索引颜色时，Photoshop 将构建一个颜色查找表（CLUT），用于存放并索引图像中的颜色。如果原图像中的某种颜色没有出现在该表中，则程序将选取最接近的一种，或使用仿色来模拟该颜色。索引颜色模式可以大大减小文件的大小，同时又能够保持多媒体演示文稿、Web 页等所需的视觉品质。在这种模式下只能进行有限的编辑。要进一步进行编辑，应临时转换为 RGB 模式。

8. 多通道模式

多通道模式在每个通道中包含 256 个灰阶，可以将由一个以上通道合成的任意图像转换为多通道图像，原来的通道转换为专色通道，这对于特殊打印很有用。若要输出多通道图像，应以 Photoshop DCS 2.0

格式存储图像。

1.2.3 图像的文件格式

Photoshop CS4 能够支持 20 多种格式的图像文件,它能打开或导入不同文件格式的图像并进行编辑,也可根据需要保存或导出为其他文件格式的图像。下面主要介绍一些 Photoshop 支持的常用文件格式,如图 1-8 所示。

1. PSD 格式

PSD 格式是 Photoshop 自身的文件格式,能够支持 Photoshop 的全部特征,包括通道、图层及路径等。由于 PSD 格式保存的信息比较多,因此文件会比较大,该模式是唯一支持全部色彩模式的图像格式。

2. JPG 格式

JPG 格式的图像通常可以用于图像预览,文件比较小,使用了压缩算法,一般用于储存网页中的图像。但是它的图片的缩小是建立在损坏图片质量的基础上的,在压缩保存过程中会丢失一些数据,造成图片失真。

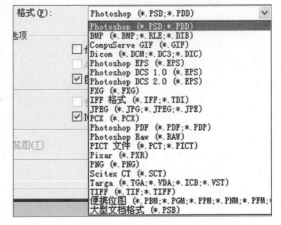

图 1-8 文件格式【选项】栏

3. TIFF 格式

TIFF 格式是应用最广泛的图像文件格式之一,运用于各种平台上的大多数应用程序都支持该格式。该格式可用于在不同的计算机平台之间进行图像数据的交换。

4. BMP 格式

BMP 格式是 Windows 标准的点阵式图像文件格式,一般用于各种 Windows 应用程序。该格式的图像质量优良,但不支持图层和通道。

5. GIF 格式

GIF 格式以索引模式储存图片的内容,图片容量较小。其支持背景透明,支持动画,一般用于网页。

6. EPS 格式

EPS 格式的优势在于可以在排版软件中以低分辨率预览,而在打印时以高分辨率输出,并且支持 Photoshop 所有颜色模式,是点阵图、矢量图的通用格式。在储存时还可以将图像的白色像素设定为透明的效果,在位图模式下也可以支持透明效果。

1.2.4 软件操作基本流程

Photoshop CS4 作为强大的图像处理软件,具有很强的兼容性,在 Windows 或 Macintosh 操作系统上都能运行。由于 Photoshop 在运行过程中会产生大量的临时文件,需占用较大的内存和虚拟硬盘空间,因此对内存和硬盘空间要求较高。在满足基本系统配置的基础上,要想提高运行速度,内存和硬盘空间越大越好。

Photoshop CS4 软件操作的基本流程为: 在 Windows 或 Macintosh 系统下正确安装 Photoshop CS4 / 启动 Photoshop CS4 软件 / 新建(打开)文件 / 编辑处理图像 / 保存图像 / 输出(制作、打印、印刷),如图 1-9 ～ 图 1-12 所示。

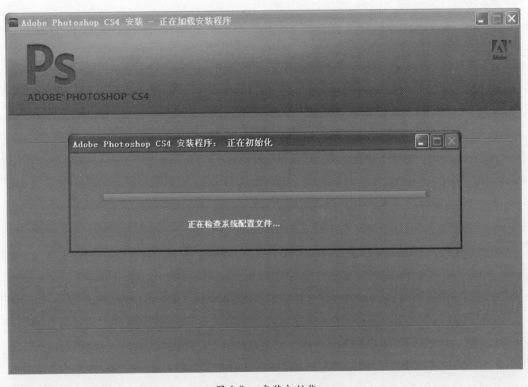

图 1-9　安装初始化

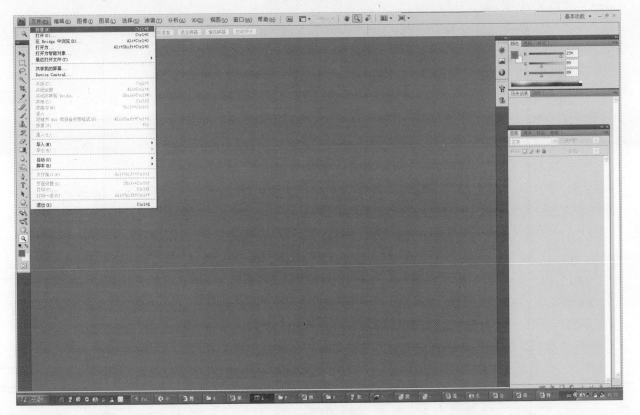

图 1-10　新建文件

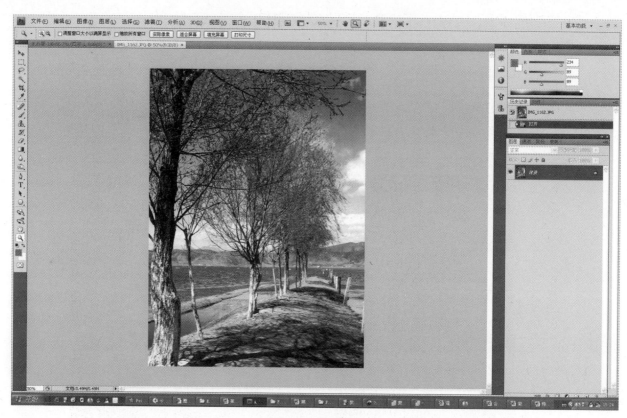

图 1-11　编辑文件

图 1-12　保存文件

1.3　了解 Photoshop CS4 图像处理四大主要功能

1.3.1　图像绘制

　　图像绘制是图像处理的基础。应用该功能可以创作图形,也可以使图像作各种变化,如放大、缩小、旋转、倾斜、镜像、透视等,还可以进行复制、去除斑点、修补、修饰残缺等。如图 1-13 所示为用 Photoshop 绘制的多幅图像。

图 1-13　图像绘制案例

1.3.2 上色调色

上色调色是 Photoshop 强大的功能之一，可方便快捷地对图像进行明暗、色偏的调整与校正，也可在不同颜色间进行切换以满足图像在不同领域应用的需要，如网页设计、印刷等多媒体方面的应用，如图 1-14 所示。

图 1-14 色彩调整案例

1.3.3 图像合成

图像合成是将几幅图像通过图层功能合成为一幅完整的、表达明确意义的图像，这是艺术设计的必经之路。Photoshop 提供的各类工具能将不同的图形很好地融合到一起并进行二次创作，合成效果可以做到天衣无缝，如图 1-15 所示。

1.3.4 特效制作

特效制作除了可以在 Photoshop 中创作油画、浮雕、石膏画、水彩等传统美术技巧的效果外，还可以由滤镜、通道及各类工具综合完成，包括图像的特效创意和特殊效果的制作，创作具有各类视觉冲击力的效果，如图 1-16 所示。

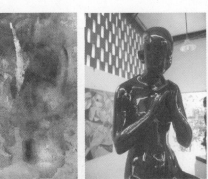

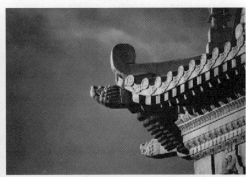

图1-15　图像合成案例

 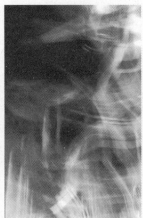 

图 1-16 特效制作案例

1.4 习题

1. 填空题

（1）构成计算机图形图像的主要两大类型是＿＿＿＿＿和＿＿＿＿＿。

（2）CMYK 即代表印刷上用的四种油墨色，C 代表＿＿＿＿＿，M 代表＿＿＿＿＿，Y 代表＿＿＿＿＿，K 代表＿＿＿＿＿。

（3）可以保存图像中的辅助线、Alpha 通道和图层，并支持所有图像模式的文件格式是
_____。

2. 选择题

（1）Photoshop CS4 共支持（　　）格式的图像。

    A. 10 多种　　　　　　B. 20 多种　　　　　　C. 30 多种　　　　　　D. 40 多种

（2）下列（　　）格式只支持 256 种颜色。

    A. GIF　　　　　　　　B. JPEG　　　　　　　C. TIFF　　　　　　　D. PSD

（3）下面对于位图的描述正确的是（　　）。

    A. 线条非常光滑、流畅，且具有优秀的缩放平滑性

    B. 位图是由一系列直线和曲线所构成的图形

    C. 位图是由像素点来表达、构成图形的，可缩放性相当差

    D. 位图的文件往往都非常小

3. 思考题

（1）矢量图形与点阵图像的区别是什么？

（2）简述 Photoshop CS4 常用的四大功能。

第2章

熟悉 Photoshop CS4 界面及设置

学习目标

- 熟悉 Photoshop CS4 界面
- 熟悉 Photoshop CS4 相关设置

2.1　Photoshop CS4 界面

2.1.1　标题栏

标题栏中可显示当前应用程序的名称,当图像窗口最大化显示时,会显示图像文件名、颜色模式和显示比例等信息,如图 2-1 所示。

IMG_1162.JPG @ 33.3%(RGB/8) ×

图 2-1　标题栏显示的信息

2.1.2　菜单栏

菜单栏是 Photoshop CS4 中重要的组成部分,和其他应用程序一样, Photoshop CS4 将所有的功能命令分类后,分别放在 11 个菜单中,如图 2-2 所示。菜单栏中提供了【文件】、【编辑】、【图像】、【图层】、【选择】、【滤镜】、【分析】、【3D】、【视图】、【窗口】、【帮助】菜单命令。如果某个命令为浅灰色,代表该命令在目前的状态下不能执行。有的命令后面带三角形,则表示有级联菜单;有的命令后面带有此命令的快捷键。一般情况下,一个菜单中的命令是固定不变的,但有些菜单可以根据当前环境的变化添加或减少一些命令。

Ps　文件(F)　编辑(E)　图像(I)　图层(L)　选择(S)　滤镜(T)　分析(A)　3D(D)　视图(V)　窗口(W)　帮助(H)

图 2-2　菜单栏

下面介绍菜单栏的一些主要功能。

1. 文件菜单（File）

【文件】菜单下的命令主要用于图像文件的打开、新建、存储、置入、导入、导出、打印、页面设置以及邮件自动化处理等,如图 2-3 所示。

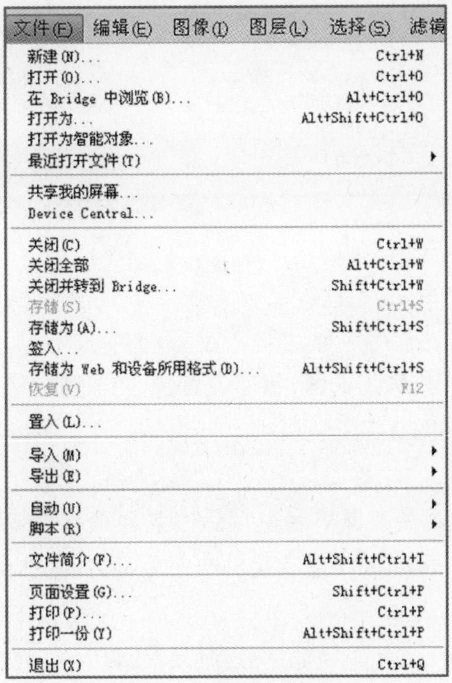

文件(F)　编辑(E)　图像(I)　图层(L)　选择(S)　滤镜	
新建(N)...	Ctrl+N
打开(O)...	Ctrl+O
在 Bridge 中浏览(B)...	Alt+Ctrl+O
打开为...	Alt+Shift+Ctrl+O
打开为智能对象...	
最近打开文件(T)	▶
共享我的屏幕...	
Device Central...	
关闭(C)	Ctrl+W
关闭全部	Alt+Ctrl+W
关闭并转到 Bridge...	Shift+Ctrl+W
存储(S)	Ctrl+S
存储为(A)...	Shift+Ctrl+S
签入...	
存储为 Web 和设备所用格式(D)...	Alt+Shift+Ctrl+S
恢复(V)	F12
置入(L)...	
导入(M)	▶
导出(E)	▶
自动(U)	▶
脚本(R)	▶
文件简介(F)...	Alt+Shift+Ctrl+I
页面设置(G)...	Shift+Ctrl+P
打印(P)...	Ctrl+P
打印一份(Y)	Alt+Shift+Ctrl+P
退出(X)	Ctrl+Q

图 2-3　【文件】菜单

2. 编辑菜单（Edit）

【编辑】菜单主要用于在处理图像时复制、粘贴、恢复操作、变形对象以及定义图案、设定键盘快捷键等,如图 2-4 所示。

3. 图像菜单（Image）

【图像】菜单中的命令用来设定有关图像的各种属性，例如，图像的色彩模式、色彩调整、图像大小、画布大小、裁切等，如图 2-5 所示。

4. 图层菜单（Layer）

【图层】菜单中的命令用来设定有关图层的各种属性，例如图层的新建、复制、锁定、链接、合并等，如图 2-6 所示。

图 2-4 【编辑】菜单栏   图 2-5 【图像】菜单栏   图 2-6 【图层】菜单栏

5. 选择菜单（Select）

【选择】菜单中，用户可以修改、取消选区，重新设置选区和反选，还可以将已设置好的选区保存起来或将保存在通道中的选区调出，如图 2-7 所示。

6. 滤镜菜单（Filter）

【滤镜】菜单中，用户可以通过使用其各种选项做出各种具有视觉特效的炫目效果。滤镜菜单中包含 100 多个滤镜特效命令，是 Photoshop 中最有用的特效工具，如图 2-8 所示。

7. 分析菜单（Analysis）

【分析】菜单中包含设置测量比例，选择数据点、标尺工具、计数工具等，如图 2-9 所示。

8. 3D 菜单

在 Adobe Photoshop CS4 Extended 版本中，新增加了【3D】菜单，支持多种 3D 文件格式。用户可以处理和合并现有的 3D 对象、创建新的 3D 对象、创建和编辑 3D 纹理，及组合 3D 对象与 2D 图像，如图 2-10 所示。

图 2-7 【选择】菜单栏   图 2-8 【滤镜】菜单栏   图 2-9 【分析】菜单栏   图 2-10 【3D】菜单栏

9. 视图菜单（View）

在 Photoshop CS4 的【视图】菜单中，用户可以针对图形的路径、选取范围、网格、参考线、图像切割、备注等分别预览。这些操作只影响图像在屏幕中的显示状态，而不对图像本身产生任何影响，如图 2-11 所示。

10. 窗口菜单（Window）

【窗口】菜单的选项是对已打开的图像窗口按所需要的方式进行排列、显示，如控制面板的显示与隐藏，调出各种资料库，在打开多个文件时文件之间的切换等，如图 2-12 所示。

11. 帮助菜单（Help）

【帮助】菜单是使用户随时获得帮助，以便更好地使用 Photoshop 软件，在操作过程中遇到问题，就可以进入【帮助】菜单进行查找，如图 2-13 所示。

图 2-11 【视图】菜单栏   图 2-12 【窗口】菜单栏   图 2-13 【帮助】菜单栏   图 2-14 工具箱

2.1.3 工具箱

Photoshop CS4 工具箱中总计有 22 组工具（图 2-14），合计其他弹出式的工具，共计 70 多个。若需使用工具箱中的工具，单击该工具图标即可。工具按钮右下方有三角形符号的，代表该工具还有弹出式工具，单击右三角则会显示隐藏工具；将鼠标移至工具图标上即可进行工具间的切换。还可以通过快捷键选择一种工具，将鼠标指向工具箱中的工具图标，稍等片刻，即会出现工具名称的提示，提示括号中的字母即是该工具的快捷键。

工具箱可以放置在Photoshop屏幕的任意处，需要移动工具箱时，只要将鼠标定位在工具箱上方蓝色边上并拖动鼠标即可。想要关闭工具箱和所有控制面板，按Tab键即可；再次按Tab键可重新显示工具箱和所有控制面板。

2.1.4 属性栏

属性栏又称工具选项栏，当用户选中工具栏中的某项工具时，属性栏会改变成相应工具的属性设置选项，用户可在其中设置工具的各种属性，如图 2-15 所示。

图 2-15　属性栏

需要显示或隐藏属性栏，执行【窗口】/【选项】命令即可。

2.1.5 图像窗口

图像窗口是显示图像的区域，也可以用于编辑或处理图像。图像窗口上方是图像窗口的名称栏，它会显示这个文件的名称、文件的格式、显示比例、色彩模式和图层状态。在图像窗口中，可以对图像窗口进行多种操作，如图 2-16 所示。

图 2-16　图像窗口

2.1.6　状态栏

状态栏在窗口的最底部,用于显示图像处理的各种信息,如图 2-17 所示。

2.1.7　调板

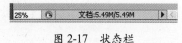

图 2-17　状态栏

调板又称面板。利用不同的面板,可以进行图层调整、动画创建、通
道创建、路径创建等操作,是 Photoshop 非常重要的组成部分,如图 2-18 ～图 2-20 所示。

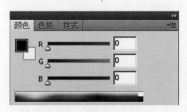

图 2-18　【颜色】面板

图 2-19　【图层】面板

图 2-20　【调整】面板

2.2　系统参数设置

Photoshop 中可以通过改变参数设置中的相关命令来改变 Photoshop CS4 的操作环境,也有助于图像编辑。其主要有常规设置、颜色设置、预设管理器设置、常规预设选项。

2.2.1　【常规】设置

在菜单栏中选择【编辑】/【首选项】命令,可以打开【首选项】对话框,默认显示【常规】页面,如图 2-21 所示。

（1）拾色器

用户一般使用 Photoshop 颜色拾取器。Macintosh 和 Windows 的颜色拾取器允许用户从操作系统的特殊颜色中进行选取。

（2）图像插值

对一幅图像重新取样时,用户可以设置默认的插值类型。

（3）自动更新打开的文档

打开文件时自动升级该文件。

（4）完成后用声音提示

设置选项后,Photoshop 在完成任务时会发出声音,以提醒用户操作结束。

（5）动态颜色滑块

调色板中的滑块代表当前颜色的颜色条。默认情况下,滑块动态显示颜色组合,用户可以直观地找到自己想要的颜色。如果不选中此项,滑块将保持不动。

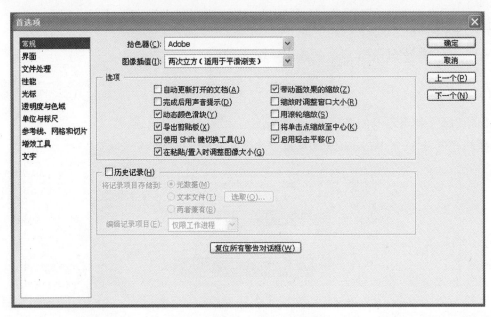

图 2-21 【首选项】对话框的【常规】页面

（6）导出剪贴板

这个选项用于确定在退出 Photoshop 程序时是否在剪贴板中保留信息。若保留信息，可以供其他的应用程序使用。关闭此选项，可以节约一些时间，因为不需要在退出时将信息转换成其他应用程序可读的格式。

（7）使用 Shift 键切换不同的工具

可以在分组的工具之间使用 Shift 键切换。

（8）在粘贴 / 置入时调整图像大小

确定是否在粘贴过程中调整图像的大小以适合目标区域。

（9）带动画效果的缩放

可以选择在缩放时是否带有动画效果。

（10）缩放时调整窗口大小

可以设置用键盘缩放窗口。

（11）用滚轮缩放

确定是否通过鼠标的滚轮进行缩放。

（12）单击后使图像居中

确定是否使视图以所单击的位置为中心而居中放置。

（13）滚动文档

确定使用抓手工具时，单击后是否继续滚动文档。

（14）历史记录

用于设置【历史记录】面板中可以列出的操作数量，一般默认数值是 20。

（15）复位所有警告对话框

所有设置为隐藏的警告对话框都会重新显示。

2.2.2 【界面】设置

在【首选项】对话框左侧列表中选择【界面】选项，可以打开【界面】页面，如图 2-22 所示。

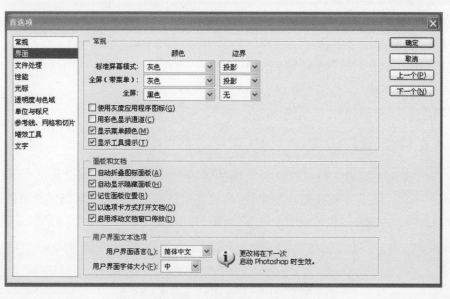

图 2-22 【首选项】对话框的【界面】页面

1. 【常规】选项组

（1）屏幕颜色和边界的显示方式

从三组下拉列表中可以设置标准屏幕模式、全屏（带菜单）、全屏三种模式下的颜色和边界效果，并确定图像的颜色以及边界是否有投影效果。

（2）使用灰度应用程序图标

可以选择是否使用灰色图标代替应用程序栏上默认的彩色图标。

（3）用彩色显示通道

可以选择在通道面板中是否用彩色显示各通道。

（4）显示菜单颜色

可以选择是否显示菜单背景色。

（5）显示工具提示

可以选择什么时候显示控件和工具的用法提示信息。选择该选项后，当鼠标位于某一个控件或工具上时，页面内会出现一个黄色的控件或工具操作功能提示框。

2. 【面板和文档】选项组

（1）自动折叠图标面板

可以选择在单击应用程序的任意位置时，是否自动折叠打开的图标面板。

（2）自动显示隐藏面板

可以选择鼠标划过时，是否显示隐藏的面板。

（3）记住面板位置

可以选择是否存储并恢复面板位置。默认情况下，Photoshop 会在用户关闭和重启时记住各种面板的位置。若每次启动 Photoshop 时需将面板恢复到默认位置，可以取消选中此项。

（4）以选项卡方式打开文档

可以选择以选项卡方式打开文档而不是以浮动窗口方式打开新文档。

（5）启用浮动文档窗口停放

可以选择允许在拖动浮动文档窗口时将其作为选项卡停放在其他窗口中，按住 Ctrl 键可临时反转该首选项。

3.【用户界面文本选项】选项组

（1）用户界面语言

用于选择用户使用软件时的界面语言。

（2）用户界面字体大小

用于选择用户使用软件时的界面字体的大小。

2.2.3 【文件处理】设置

在存储文件的操作中可以了解保存文件所需的各项设置参数，如可以设置是否保存图像预览缩图，默认的文件扩展名是大写字母还是小写字母，是否与低版本的 Photoshop 图像兼容等参数。在【首选项】对话框左侧列表中选择【文件处理】选项，可以打开【文件处理】页面，如图 2-23 所示。

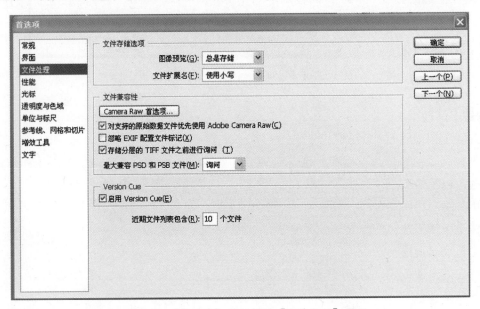

图 2-23 【首选项】对话框的【文件处理】页面

1.【文件存储选项】选项组

（1）图像预览

自此列表中可以选择在保存文件时是否保存预览缩图。其中包含 3 个选项可供用户选择：【总不存储】、【总是存储】、【存储时询问】。当选择【存储时询问】时，则可在【存储为】对话框中自动选中【缩览图】复选框。

（2）文件扩展名

在此列表框中可以设置图像文件的扩展名是使用大写字母还是小写字母。

2.【文件兼容性】选项组

（1）对支持的原始数据文件优先使用 Adobe Camera Raw

用于确定是否使用 Adobe Camera Raw 而非其他软件打开所有软件支持的原始数据文件。

（2）忽略 EXIF 配置文件标记

确定打开文件时是否忽略 EXIF 元数据指定的色彩空间规范。

（3）存储分层的 TIFF 文件之前进行询问

确定保存合并层文件时是否询问。

（4）最大兼容 PSD 和 PSB 文件

确定是否包含 PSD 和 PSB 文件中的数据以及改进与其他应用程序和其他版本的 Photoshop 的兼容性。

3.【Version Cue】选项组及其他选项

（1）启用 Version Cue

选择是否启用 Version Cue 连接。

（2）近期文件列表包含

用来设置近期打开过的文件列表所包含的文件数，可在 0 ～ 30 之间选择。

2.2.4 【性能】设置

在【首选项】对话框左侧列表中选择【性能】选项，可以打开【首选项】对话框的【性能】页面，如图 2-24 所示。

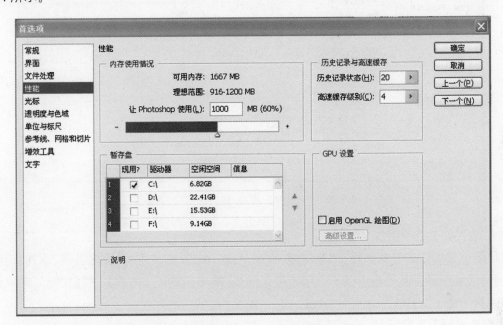

图 2-24 【首选项】对话框的【性能】页面

1.【内存使用情况】选项组

用于更改分配给 Photoshop 的内存使用量。

2.【暂存盘】选项组

在【暂存盘】选项组中可以设置 4 个可作为虚拟内存的磁盘，它们之间有优先顺序，只有当第一磁盘中的空间不足时，才会使用第二个磁盘，其他以此类推。

3.【历史记录与高速缓存】选项组

【历史记录状态】选项用于设置【历史记录】面板中可以保留的历史记录状态的数值，可以在 1 ～ 1000 之间选择。【高速缓存级别】选项用于设置图像数据的高速缓存级别的数量，图层较多的文件，可选择较高的高速缓存级别。

4.【GPU 设置】选项组

确定是否启用 OpenGL 绘图，启用后将激活某些工具。

提 示

以上设置，均需要重启计算机后才能生效。

2.2.5 【光标】设置

在【首选项】对话框左侧列表中选择【光标】选项,打开【首选项】对话框的【光标】页面,如图 2-25 所示。

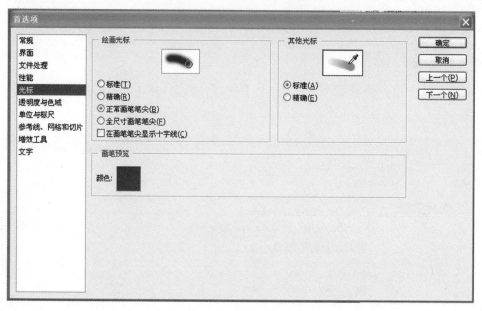

图 2-25 【首选项】对话框的【光标】页面

1. 【绘画光标】选项组

主要用于设置绘图工具的光标,如橡皮擦、铅笔、喷枪、画笔、橡皮图章、图案图章、涂抹、模糊、锐化、减淡、加深和海绵工具。其中提供了 5 个选项用于选择,即【标准】、【精确】、【正常画笔笔尖】、【全尺寸画笔笔尖】和【在画笔笔尖显示十字线】。

2. 【其他光标】选项组

其中提供了 2 个选项用于选择,即【标准】和【精确】。

3. 【画笔预览】选项组

可选择画笔预览颜色。

2.2.6 【透明度与色域】设置

在【首选项】对话框左侧列表中选择【透明度与色域】选项,打开【透明度与色域】页面,如图 2-26 所示。

1. 【透明区域设置】选项组

(1) 网格大小

用于设置透明区域的网格大小,有 4 项可供选择,即【无】、【小】、【中】、【大】。当选择【无】时,透明区域将以白色显示。

(2) 网格颜色

用于设置透明区域的网格颜色。透明区域中的网格是由两种颜色交叉组合而成的,可以在下面的显示框中单击要选择的任意两种颜色;也可以在其下拉列表框中选择所需的颜色;或是直接单击色块,在弹出的色板中进行选择。

2. 【色域警告】选项组

在该选项组中可以设置色域警告的颜色和不透明度。

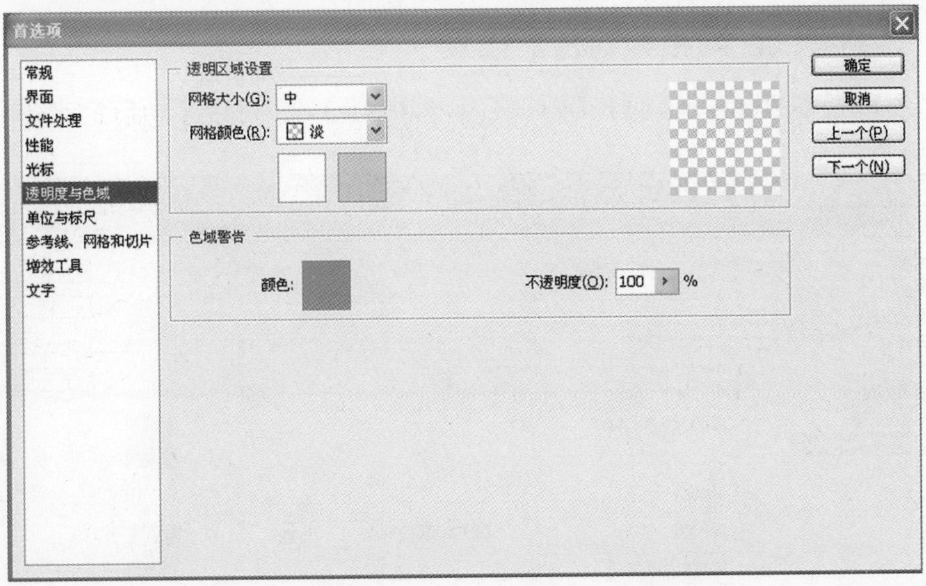

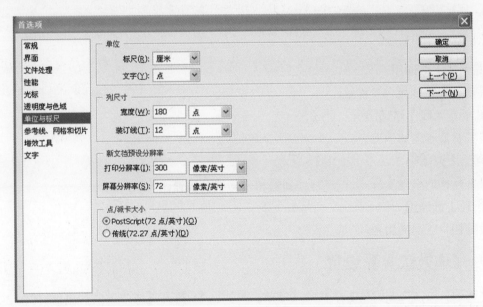

图 2-26 【首选项】对话框的【透明度与色域】页面

2.2.7 【单位与标尺】设置

在【首选项】对话框左侧列表中选择【单位与标尺】选项，可以打开【单位与标尺】页面，如图 2-27 所示。

图 2-27 【首选项】对话框的【单位与标尺】页面

1.【单位】选项组

可以设置标尺的单位及文字单位。

2.【列尺寸】选项组

可以帮助用户精确地确定图像或元素的位置，以及装订线的宽度。

3.【新文档预设分辨率】选项组

可以设置用于打印和用于屏幕显示的新文档的预设分辨率。

4.【点 / 派卡大小】选项组

提供两个选项，即【PostScript（72 点 / 英寸）】和【传统（72.27 点 / 英寸）】。

2.2.8 【参考线、网格和切片】设置

在【首选项】对话框左侧列表中选择【参考线、网格和切片】选项，打开【参考线、网格和切片】页面，如图 2-28 所示。

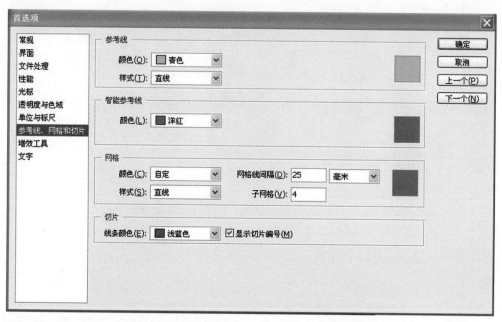

图 2-28 【首选项】对话框的【参考线、网格和切片】页面

1. 【参考线】选项组

可以设置参考线的颜色及样式。

2. 【智能参考线】选项组

可以设置智能参考线的颜色。

3. 【网格】选项组

可以设置网格的颜色及样式，以及网线间隔和子网格的数量。

4. 【切片】选项组

可以设置切片线条的颜色。

2.2.9 【增效工具】设置

在【首选项】对话框左侧列表中选择【增效工具】选项，打开【增效工具】页面，如图 2-29 所示。

（1）附加的增效工具文件夹

用于确定是否包含来自附加增效工具文件夹的增效工具。

（2）允许扩展连接到 Internet

允许 Photoshop 扩展面板连接到 Internet 以获取新内容和更新程序。

（3）载入扩展面板

选中该选项后，启动 Photoshop 时将载入已安装的扩展面板。图像通道用原色显示。

2.2.10 【文字】设置

在【首选项】对话框左侧列表中选择【文字】选项，打开【文字】页面，如图 2-30 所示。

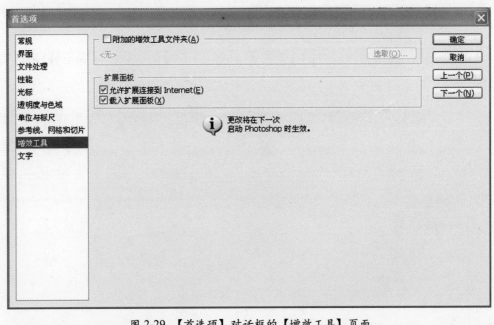

图 2-29 【首选项】对话框的【增效工具】页面

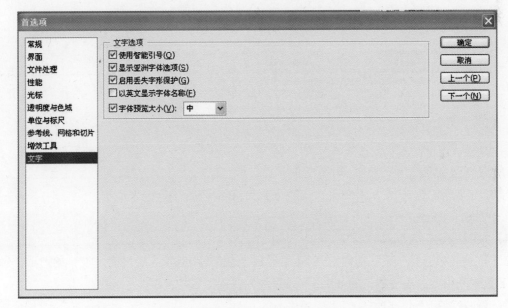

图 2-30 【首选项】对话框的【文字】页面

（1）使用智能引号

确定是否在用文字工具输入时自动替换左右引号。

（2）显示亚洲字体选项

确定是否在字符和段落面板中显示中文、日文和朝鲜文字选项。

（3）启用丢失字形保护

确定是否对丢失字形进行自动字体替换。

（4）以英文显示字体名称

确定是否用罗马名称显示非罗马字体。

（5）字体预览大小

确定是否在【文字】工具、【字体】菜单打开的面板中显示字体预览效果，提供 5 个选项供选择，即"小"、"中"、"大"、"超大"、"特大"。

2.3　自定义操作快捷键

Photoshop 中可以自定义快捷键，以提高操作效率。选择【编辑】/【键盘快捷键】命令，打开【键盘快捷键和菜单】对话框，在对话框中可以根据需要自定义设置键盘快捷键，如图 2-31 所示。

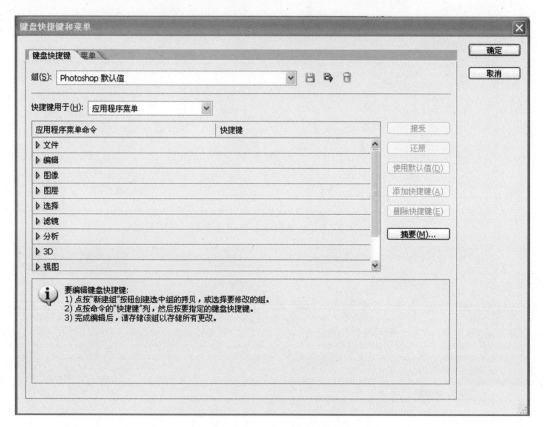

图 2-31　【键盘快捷键和菜单】对话框

（1）【组】选项

在下拉列表中选择一个快捷键，在创建新设置之前，Photoshop 默认值是唯一的选项。做出更改后，【组】下拉列表中就会出现以"modified"为后缀的快捷键名称。

（2）【快捷键用于】选项

可以在下拉列表中选择一种快捷键类型，包括 3 个选项，即"应用程序菜单"、"面板菜单"、"工具"。

（3）【快捷键】选项

可以选择要修改的快捷键或在没有设置快捷键的命令或工具处单击，在出现的文本框中输入新设置的快捷键即可。

提　示

　　如果设置的快捷键已经被另一个工具或命令占用，那么对话框下方会出现警告，显示另一个工具或命令已经使用了该快捷键。单击对话框右侧的【接受】按钮，则会把该快捷键分配给新的工具或命令，并自动删除之前分配的快捷键。

2.4 习题

1. 填空题

（1）当图像窗口最大化显示时，标题栏中可以显示的信息包括图像文件名、显示比例、文件格式、图层状态和＿＿＿＿＿＿＿＿。

（2）当用户选中工具栏中的某项工具时，可在＿＿＿＿＿＿＿＿中设定工具的各种属性。

2. 选择题

（1）显示或隐藏标尺的快捷键是（　　）。

    A. Shift+R　　　　　　B. Ctrl+R　　　　　　C. Alt+R　　　　　　D. Shift+Ctrl+R

（2）下列关于删除图像中参考线的描述中，正确的是（　　）。

    A. 在【视图】/【显示】菜单项中取消选择【参考线】命令

    B. 选择【视图】/【清除参考线】命令

    C. 用移动工具将图像中的参考线拖动到图像之外

    D. 用路径选择工具将图像中的参考线拖动到图像之外

（3）Photoshop CS4 中一共有（　　）个菜单栏。

    A. 11　　　　　　B. 10　　　　　　C. 13　　　　　　D. 8

3. 思考题

（1）Photoshop CS4 软件界面中包含哪些主要的菜单？

（2）在 Photoshop CS4 中如何根据需要设置快捷键？

第3章

掌握 Photoshop CS4
图像处理基本操作

学习目标

- 熟悉 Photoshop CS4 图像处理基本程序
- 熟悉 Photoshop CS4 图像处理基本操作

3.1 新建图像文件

启动 Photoshop 后，需先新建一个图像文件。具体操作步骤如下：选择【文件】/【新建】命令，或者按 Ctrl+N 快捷键，弹出【新建】对话框，在对话框中进行各项设置，设置好后单击【确定】按钮，即可建立新文件，如图 3-1 所示。

图 3-1　【新建】对话框

1.【名称】选项

用于新文件的命名，如果不进行设置，系统将自动命名为"未标题 -1"。若要连续新建多个文件，系统将依次命名为"未标题 -2"、"未标题 -3"、"未标题 -4"等，操作中可根据需要修改名称，如图 3-2 所示。

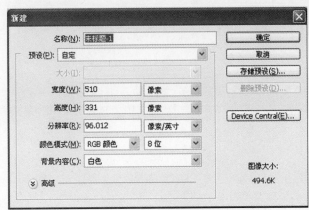
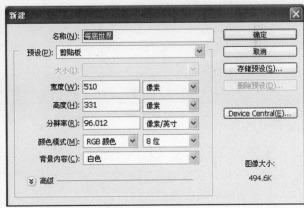

图 3-2　在【新建】对话框中进行【名称】选项的设置

2.【预设】选项

用于选择新文件的预设尺寸，可以在下拉列表框中选择需要的图像尺寸，也可以自定义尺寸。

3. 其他选项

可以设置新文件的【大小】、【宽度】、【高度】、【分辨率】、【颜色模式】、【背景内容】等选项。

3.2 打开文件

选择【文件】/【打开】命令，或者按快捷键 Ctrl+O，或者双击 Photoshop CS4 界面，弹出【打开】对话框，如图 3-3 所示，选择图像存放的位置，在【文件类型】下拉列表框中选择要打开的图像文件格式，再在要打开的文件后面双击,或单击【打开】按钮,均可打开文件。

图 3-3 【打开】对话框

1. 打开指定格式的图像

选择【文件】/【打开为】命令,或者按 Ctrl+Alt+O 快捷键,弹出【打开为】对话框,可打开对应文件。使用该命令只能打开指定格式的图像。

2. 打开最近的文档

在 Photoshop 中,对文件进行编辑操作完并保存或关闭后,在最近打开文件列表中会显示打开过的图像文件,默认状态下可以显示 10 个最近打开过的文档。

3.3 存储文件

完成编辑的图像后应及时存盘,以备以后使用。

1. 保存新图像

第一次保存新建文件时,可以选择【文件】/【存储】命令或直接按 Ctrl+S 快捷键,打开【存储为】对话框,如图 3-4 所示。

在【保存在】下拉列表中选择保存文件的位置;在【文件名】文本框中为要保存的文件命名;在【格式】下拉列表框中选择要保存的文件格式,可以根据需要选择不同的文件格式。

提 示

如果保存的图像中包含有图层,应同时保存图层以便以后修改,此时可以选择PSD或TIFF格式保存文件,也可根据需要选择适合的格式。

图 3-4 【存储为】对话框

在【存储】选项组中，选中【作为副本】复选框，可以为文件保存一个副本。选中【注释】复选框，将保存图像中的注释内容。选中【Alpha 通道】、【专色】或【图层】复选框，可以将图像中的 Alpha 通道、专色通道和图层随图像一起保存。

在【颜色】选项组中，可以选择保存图像的颜色信息；选中【缩览图】复选框，可以保存文件的缩览图；选中【使用小写扩展名】复选框，则当前保存的文件扩展名可以使用小写字母。

2. 保存已有图像

如果文件已保存过，编辑后需继续保存，可直接选择【文件】/【存储】命令，或按 Ctrl+S 快捷键进行保存。如果保存文件时在保存位置已有相同文件名的文件，则会弹出一个警示对话框，询问是否需要替换原文件，选择【是】命令，将替换原文件；选择【否】命令，则需对文件进行重新命名。

3.4 置入图像文件

Photoshop 是一款主要用于处理位图图像的软件，但具备支持矢量图形的功能，用户可以将矢量软件制作的图形通过【置入】命令插入 Photoshop 中使用。具体操作如下：打开一个位图图像，然后选择【文件】/【置入】命令，在弹出的对话框中选择需要插入的矢量图形文件，再单击【置入】命令，即可将矢量文件插入当前图像中。

3.5 关闭图像文件

在 Photoshop 中完成图像编辑和处理并进行保存后，可以将其关闭。关闭文件有下列方法：双击图像窗口标题栏右侧的【关闭】按钮；或选择【文件】/【关闭】命令，对应快捷键为 Ctrl+W；或是按 Ctrl+F4 组合键进行关闭。

3.6 习题

1. 填空题

（1）保存文件的快捷键为_____。

（2）如果需要将矢量软件制作的图像插入 Photoshop 中使用，需使用_____命令。

2. 选择题

（1）按以下（   ）快捷键，可以直接关闭 Photoshop 文件。

    A. Ctrl+W   B. Ctrl+Q   C. Ctrl+S   D. Ctrl+D

（2）按以下（   ）快捷键可以打开 Photoshop 文件。

    A. Ctrl+O   B. Ctrl+T   C. Alt+O   D. Ctrl+S

3. 思考题

（1）【存储】命令与【存储为】命令在使用上有何区别？

（2）在 Photoshop CS4 中新建文件时，可以进行哪些选项的设置？

第4章

基本工具的应用

学习目标

- 掌握图像移动、复制、剪切、粘贴等基本操作
- 掌握图像缩放、旋转、变形、裁切等基本操作
- 掌握图像填色、描边等基本操作
- 掌握视图缩放与显示的基本操作

4.1 图像的选择

启动 Photoshop 后,在图像窗口中,利用各类选区工具先对所需编辑的图像进行选择,才能进行下一步的编辑处理。可用于选择的工具包括各类选框工具、套索工具、魔棒工具、钢笔工具等,这些在第5章会详细讲解。

提 示

如果需要选中整个图层中的全部图像,则只需要按住Ctrl键,并在【图层】面板中单击该图层的位置,即可自动选中该图层中的全部图像。

4.2 图像的移动、复制、剪切和粘贴

4.2.1 图像的移动

选择好图像后,单击工具箱中的移动工具 ,将鼠标移至图像中,按住鼠标,在光标变为 形状时,即可进行图像的移动操作。也可通过键盘上的方向键进行图像的移动,如图 4-1 所示。

图 4-1 移动选框内的图像

4.2.2 图像的复制

选择好图像后,单击工具箱中的移动工具 ,将鼠标移至图像中,按住 Alt 键并同时按下鼠标左键,对图像进行拖动,当鼠标变为 形状时,即可进行图像的复制。也可以选择【编辑】/【复制】命令及【编辑】/【粘贴】命令进行图像的复制粘贴命令,如图 4-2 所示。

图 4-2 复制后的图像效果

提 示

也可在选择好图像后利用Ctrl+C快捷键进行图像复制，在需要复制的图层或位置按住Ctrl+V快捷键粘贴图像，完成图像的复制。

4.2.3 图像的剪切及粘贴

选择好图像后，利用【编辑】/【剪切】命令及【编辑】/【粘贴】命令，可进行图像的剪切及粘贴，如图4-3所示。

图4-3 剪切后的图像效果

提 示

也可在选择好图像后利用Ctrl+X快捷键进行图像剪切，在需要复制的图层或位置按住Ctrl+V快捷键粘贴图像，完成图像的复制。

4.3 图像的缩放、旋转、变形、裁切

选择好图像后，选择【编辑】/【变换】命令，出现【变换】下拉菜单，如图4-4所示。

1. 图像缩放

选中图像后，选择【编辑】/【变换】/【缩放】命令，利用鼠标拖动缩放框四边的锚点，即可进行图像的缩放。同时，菜单栏下方会出现缩放命令的属性栏，在属性栏中可以设定缩放图像的大小和缩放比例，如图4-5和图4-6所示。

再次(A)	Shift+Ctrl+T
缩放(S)	
旋转(R)	
斜切(K)	
扭曲(D)	
透视(P)	
变形(W)	
旋转180度(1)	
旋转90度(顺时针)(9)	
旋转90度(逆时针)(0)	
水平翻转(H)	
垂直翻转(V)	

图4-4 【变换】下拉菜单

提 示

图像缩放快捷键为Ctrl+T。

| | ⊞ | X: 705.5 px | △ | Y: 522.9 px | | W: 106.0% | ⑧ | H: 140.5% | ⊿ 0.0 度 | H: 0.0 度 | V: 0.0 度 |

图4-5 【缩放】属性栏

图 4-6 应用【变换】/【缩放】后的图像效果

2. 图像旋转

选中图像后,选择【编辑】/【变换】/【旋转】命令,通过鼠标拖曳可进行图像的旋转。通过【变换】命令中的其他子命令,如【旋转180度】、【旋转90度】、【水平翻转】、【垂直翻转】等子命令也可完成图像的方向变化,如图 4-7 所示。

图 4-7 应用【变换】/【旋转】命令后的图像效果

3. 图像变形

选中图像后,再选择【编辑】/【变换】命令中的【斜切】、【扭曲】、【透视】、【变形】等子命令,可以对图像进行不规则的变形,如图 4-8 所示。

图 4-8 应用【变换】/【扭曲】命令后的图像效果

 **提示**

在图像缩放过程中同时按住Alt键,也可以对图像进行扭曲变形。

4. 图像裁切

选中图像后,选择【图像】/【裁切】命令,可以对图像进行裁切,也可选择工具栏中的裁切工具口进行裁切。

4.4 图像的填色、描边

在 Photoshop 中对图像进行填充,可以用纯色也可以用图案。在创建好选区后,可使用【拾色器】对话框来设置所要填充的颜色。可以使用【油漆桶工具】填充图案。

4.4.1 前景色和背景色

1. 前景色和背景色的概念

在 Photoshop 中,前景色和背景色是图像编辑中重要的基本要素之一,在使用之前,需要先了解前景色和背景色的概念。

在工具箱的下方会显示前景色和背景色的色块,默认状态下,前景色为黑色,位于上方;背景色为白色,位于下方,如图 4-9 所示。

当单击前景色或背景色图标时,就会弹出【拾色器(前景色)】或【拾色器(背景色)】对话框,如图 4-10 所示。

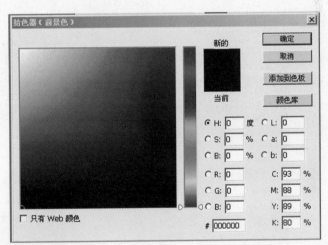

图 4-9 前景色与背景色图标   图 4-10 【拾色器(前景色)】对话框

2. 前景色

在 Photoshop 中,前景色通常用于绘画、填充和描边选区,是当前所使用工具采用的颜色,单击前景色图标,打开【拾色器(前景色)】对话框,从中选取所需颜色,这样在使用画笔、铅笔或文字工具时所绘图像或文字都会显示为前景色。

3. 背景色

背景色主要用于进行渐变填充和填充图像被擦除或删除后的区域,以及当前编辑图像的底色。选取背景色后,只有在使用与背景色相关的工具时,才会按照背景色的设置来选择。例如,使用【橡皮擦工具】擦除图像时,擦除后的区域就会显示为背景色。

4. 前景色与背景色的切换

如需切换前景色和背景色时,单击【切换前景色与背景色】按钮 即可,快捷键为 X。

5. 默认前景色与背景色

用户使用【拾色器】对话框对前景色和背景色进行颜色设置后,如果想重新恢复到默认设置,只需单击【默认前景色与背景色】按钮 即可,快捷键为 D。

4.4.2 图像的填色

设定好前景色和背景色后,就可以对创建好的选区进行颜色填充了,可以选择用前景色或背景色进行填充,并选择【编辑】/【填充】命令来填充颜色或图案;或者使用快捷键进行填充:填充前景色的快捷键为 Alt+Delete 或 Alt+Backspace,填充背景色的快捷键为 Ctrl+Delete 或 Ctrl+Backspace。【填充】对话框及填充后的图像效果如图 4-11 所示。

图 4-11 【填充】对话框及填充后的图像效果

4.4.3 图像的描边

需要对图像进行描边时,可创建好选区,再选择【编辑】/【描边】命令,弹出【描边】对话框,可设置描边的【宽度】、【颜色】及【位置】等选项,设置好后单击【确定】按钮,可完成图像描边,如图 4-12 所示。

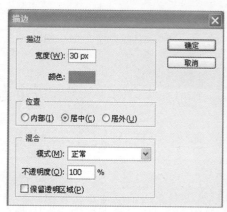

图 4-12 【描边】对话框及描边后的图像效果

4.5 视图的缩放与显示

4.5.1 视图的缩放

缩放工具的主要功能是将显示视图进行放大或缩小,而不是改变图像本身的大小。在属性栏中选中缩放工具 ,菜单栏下方会出现相应的属性选项,如图 4-13 所示。

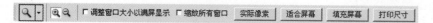

图 4-13 【视图缩放】属性栏

（1）视图放大

选择属性栏中的放大工具，在图像窗口中单击，即可进行图像的放大显示。该功能多用于查看图像的细节效果。连续单击可继续放大，如图 4-14 所示。

图 4-14　适合屏幕大小的放大显示

（2）视图缩小

选择属性栏中的缩小工具，在图像窗口中单击，即可进行图像的缩小显示。该功能多用于查看图像的整体效果。连续单击可继续缩小，如图 4-15 所示。

图 4-15　缩小视图的显示

（3）调整窗口大小以满屏显示

选中该复选框，在缩放图像时，图像窗口也将随着图像的缩放而自动缩放。

（4）缩放所有窗口

选中该复选框，在缩放某一图像窗口的同时，其他窗口中的图像也会跟着自动缩放。

（5）实际像素

单击该选项，可以使图像以实际像素显示。

（6）适合屏幕

单击该选项，可以依据工作窗口的大小自动选择适合的缩放比例显示图像。

（7）填充屏幕

单击该选项，可以依据工作窗口的大小自动对图像进行缩放，以填充满当前屏幕。

（8）打印尺寸

单击该按钮，可以使图像以实际的打印尺寸来显示，用以作为打印的参考。

4.5.2　抓手工具

当图像显示的大小超过当前画布大小时，窗口就不能显示出所有的图像内容，如果需要查看全部内容，可以利用抓手工具  移动图像来查看其余部分，也可以拖动窗口中的滚动条来查看内容。

提 示

工具箱可以放置在 Photoshop 屏幕的任意位置。需要移动工具箱时，只要将鼠标定位在工具箱上方蓝色边上并拖动鼠标即可。想要关闭工具箱和所有控制面板时，按 Tab 键即可。再次按 Tab 键可重新显示工具箱和所有控制面板。

4.6　习题

1. 填空题

（1）若要移动选区内的图像，应使用＿＿＿＿＿工具；若只移动选取范围，则使用＿＿＿＿＿工具。

（2）选中图像后，若需对图像进行不规则的变形，可以选择【编辑】菜单中的＿＿＿＿＿相关命令进行处理。

2. 选择题

（1）使用以下（　　）可以将选区或图层移动到图像中的新位置。

　　A. 移动工具　　　　B. 选框工具　　　　C. 切片选取工具　　　　D. 裁切工具

（2）能够对选区内图像进行快速变形操作的快捷键是（　　）。

　　A. Ctrl+Enter　　　B. Ctrl+E　　　　C. Ctrl+T　　　　D. Ctrl+R

3. 思考题

（1）在 Photoshop CS4 中，可以用于图像复制的工具和命令有哪些？

（2）在 Photoshop CS4 中，如何进行视图的缩放显示？

第二篇　图像处理中的图形——图像绘制

第5章

建立与编辑选区

学习目标

- 掌握利用选框和套索工具建立与编辑选区的方法
- 掌握钢笔工具的使用方法
- 掌握路径的基本操作

5.1 利用选框工具创建规则选区

选框工具是最基本的选择工具,利用选框工具选择的都是规则形状,分别为矩形选框工具、椭圆选框工具、单行选框工具、单列选框工具,如图5-1所示。

5.1.1 矩形选框工具

选中矩形选框工具,鼠标指针变为十字形状,按住鼠标拖曳,可建立一个矩形选区。矩形选框工具的图标及选项栏如图5-2和图5-3所示。下面介绍选项栏中各选项的作用。

图5-1 选框工具栏　　　　　　　图5-2 矩形选框工具

图5-3 矩形选框工具选项栏

1. 新建选区

在矩形选框工具的默认模式下,可以用鼠标创建新的选区范围,如图5-4所示。

2. 添加到选区

在原有的选择范围的基础上增加新的选区,所得到的是两个选区的并集。按住Shift键进行选择,也可以进行选区的添加,如图5-5所示。

图5-4 矩形选区　　　　　　　图5-5 添加到选区

3. 从选区减去

在原有的选择范围的基础上再减去新选区,其结果是两个选区的差集。按住Alt键进行选择,也可以进行选区的减少,如图5-6所示。

4. 与选区交叉

选择原有的选择范围与新增加的选择范围重叠的部分。按住Shift+Alt快捷键,也可以进行选区交叉选择。

5. 羽化设定

在该文本框中输入数字,可以柔化选择区域的边缘,产生渐变过渡效果,如图5-7所示。

图5-6 从选区中减去 　　　　　　　　　图5-7 柔化选区的边缘

提 示

使用【选择】/【修改】/【羽化】命令也可以实现羽化效果。

6. 消除锯齿

选择该选项,可以消除选择范围的锯齿现象,使选区边缘趋于平滑。

7. 样式

该选项只在矩形选框工具和椭圆选框工具选项栏中可用,包括3种方式。

(1) 正常。默认的选择方式,可以通过拖曳鼠标自定义选区的大小和比例。

(2) 固定比例。选择该选项,可以在后面的【宽度】和【高度】文本框中输入相应的数值,以便设置选区的宽度和高度的比例。

(3) 固定大小。选择该选项,可以直接在后面的【宽度】和【高度】文本框中输入数值,以便设置矩形或椭圆的大小。

8. 调整边缘

(1) 半径。增加羽化范围"半径",可以改善包含柔化过渡或细节的区域中的边缘。"正常"为默认的选择方式,可以通过拖曳鼠标自定义选区的大小和比例。

(2) 对比度。增加"对比度"可以使柔化边缘变得犀利,并去除选区边缘模糊的不自然感。

(3) 平滑。平滑可以去除选区边缘的锯齿状边缘,使用"半径"选项可以恢复一些细节。

选择该选项,可以在后面的【宽度】和【高度】文本框中输入相应的数值,以便设置选区的宽度和高度的比例。

(4) 羽化。同选项栏中的羽化效果相似。要获得更精细的效果,可以使用与"半径"选项相同的方式选择该项。

(5) 收缩/扩展。减小该值可收缩选区边缘,增大该值可扩展选区边缘。

5.1.2 椭圆选框工具

选中椭圆选框工具后,拖曳鼠标,可以建立椭圆形选区。椭圆选框工具与矩形选框工具的使用和设置方法基本相同,使用椭圆选框工具选择对象后的效果如图5-8所示。

图5-8　用椭圆选框工具选择对象

按住Shift键,然后选择矩形选框工具或椭圆选框工具后拖曳鼠标,可以选择正方形或圆形的区域。按住Alt键拖曳鼠标,可以创建一个以起点为中心的正方形或圆形的选区。

5.1.3 单行选框工具

选中单行选框工具,在要选择的区域单击,会出现一行只有一个像素宽度的选区。在使用Photoshop画平行线或表格的时候,可以使用这个工具确定选区并填色,如图5-9所示。

图5-9　单行选框工具的选择及填充效果

5.1.4　单列选框工具

选中单列选框工具,在要选择的区域单击,会出现一列只有一个像素宽度的选区,其使用方法与单行选框工具相同。

5.2　利用套索工具创建不规则选区

使用套索工具时,可以直接拖曳鼠标选择所需的区域,多用于不规则的形状的选择。有3种工具用于选择,分别为套索工具、多边形套索工具、磁性套索工具,如图5-10所示。

图5-10　套索工具栏

5.2.1　套索工具

选择套索工具,可以进行不规则的曲线形状的选择,并以手绘的方式进行范围选择。选中套索工具,拖曳鼠标选择所需的范围,结束绘制时松开鼠标,选区会自动封闭,并形成确定的选区,如图5-11所示。

图5-11　用套索工具的选择效果

5.2.2　多边形套索工具

多边形套索工具用于进行不规则的多边形区域的选择。选中多边形套索工具后,可拖曳鼠标进行选择,在改变转折点处单击,再回到绘制起点,松开鼠标,就形成封闭选区。在绘制过程中双击,将自动连接起点和终点,形成封闭选区,如图5-12所示。

图5-12　用多边形套索工具的选择效果

提 示

使用套索工具和多边形套索工具时，同样可以在选项栏中进行羽化和消除锯齿的设置。

注 意

在使用多边形套索工具过程中，按住Shift键可以绘制出水平、垂直或45°方向的线段。绘制过程中按Delete键，可以删除绘制好的线段；按Esc键可以取消此次操作。

5.2.3 磁性套索工具

磁性套索顾名思义，具有吸附功能，可以自动选择颜色相近区域。选择磁性套索工具后，系统会在设定的像素宽度内分析图像，并沿着图像中不同颜色的对比度区域的边界进行选择。

5.2.4 快速选择工具

利用快速选择工具可以选择图像中颜色相似的区域。首先在图像中选择一小部分，然后选择【选择】菜单中的【扩大选择】或【选择相似】命令，再根据颜色进行快速选择。

5.2.5 魔棒工具

魔棒工具用于选择颜色相同或相近的区域，进行选择时，所有在允许值范围内的像素都会被选中。魔棒工具选项栏的设置如图5-13所示。

图5-13 魔棒工具选项栏

1. 容差

容差输入值越小，选择的颜色就会越接近，范围就会越小；输入值越大，选择的颜色就会越大，范围也会越大。

2. 连续

选择该选项后，魔棒工具将选择图像中位置相邻且颜色相接近的区域。如果不选择该项，则将选择图像范围内所有颜色相接近的区域。

3. 对所有图层取样

用于具有多个图层的图像。未选中时，魔棒在当前选中的图层中进行选择；如果选中，则可以选择所有图层中相近的颜色区域。

5.3 使用路径创建区域

路径是一系列点、直线和曲线的组合，可以用于复杂图像的选择，也可以用于创建矢量图形，是Photoshop中重要的工具之一。

5.3.1 路径的概念

路径包括两个部分，一个是节点，即路径线段间的连接点；另一部分是节点间的路径段，可以是直线或曲线。路径就是由许多节点和路径段连接组合成的,如图 5-14 所示。

每个节点两侧都会有方向线,通过拖动方向线顶端的方向点,可以改变其长短和方向,从而改变路径段的方向和弧度。节点被选中前显示为空心点,选中后成为实心方块。节点分为曲线点和角点。如果为曲线点,在调整一侧方向线时,另一侧会随之进行对称调整;如果为角点,调整一侧方向线时,另一侧不受影响。在调整时按住 Alt 键,曲线点和角点之间可以相互转换,如图 5-15 所示。

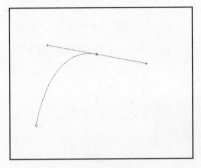

图 5-14 路径段及节点

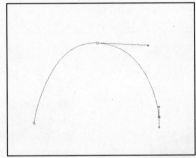

图 5-15 节点调整

路径工具包括【钢笔工具】、【自由钢笔工具】、【添加锚点工具】、【删除锚点工具】、【转换点工具】,如图 5-16 所示。

5.3.2 创建路径

创建路径需要通过钢笔工具实现。钢笔工具是所有路径工具中最精确的,可以用于绘制直线或曲线路径。

图 5-16 路径工具

1. 绘制直线路径

在工具箱中单击钢笔工具,在图像中单击,确定绘制起点,移动鼠标并在下一个位置继续单击,两点间会连成一条直线。当终点与起点重合时,鼠标下方将出现一个小圆圈,单击即可封闭路径,完成路径的创建。

2. 绘制曲线路径

选择钢笔工具,按下鼠标左键表示开始绘制,按住鼠标左键的同时进行拖曳,确定第一个节点及方向线;将鼠标放置在第二个节点位置单击,并将鼠标沿需要的方向拖曳,即出现第二个节点和两个方向线。方向线的长度和斜率决定了曲线段的形状。在拖曳过程中,可通过 Alt 键切换来调整角点方向线方向。完成整个路径绘制后,封闭曲线,完成路径创建,如图 5-17 所示。

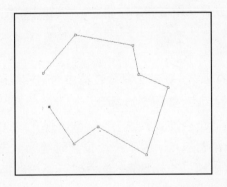
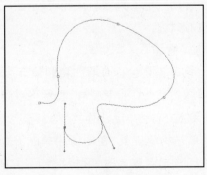

图 5-17 直线和曲线路径

5.3.3 钢笔工具的使用

1. 钢笔工具

选中钢笔工具 ![] 后，菜单栏下方将出现钢笔工具的选项栏，如图 5-18 所示。

图 5-18 钢笔工具选项栏

（1）创建形状图层 ![]

选中此按钮，在使用钢笔工具绘制路径时，可以建立一个形状图层，颜色默认为前景色填充。默认的情况下，可以用过鼠标拖曳来自定义选区的大小和比例，如图 5-19 所示。

图 5-19 创建形状图层

（2）创建工作路径 ![]

选中此按钮，使用钢笔绘制时，在【路径】面板中会出现工作路径，但不会在图层面板中出现形状图层，如图 5-20 所示。

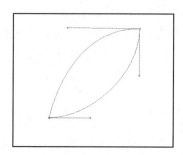

图 5-20 创建工作路径

（3）填充像素 ![]

选中此按钮，使用钢笔工具绘制路径时，不会产生形状图层和工作路径，但会在当前图层中绘制出一个由前景色填充的形状。

（4）自动添加/删除

选中此项后，钢笔工具会具有增加和删除节点的功能。钢笔工具放在选中的路径线段上，右下角带有加号，表示可以增加节点；带有减号，表示可以删除节点，如图 5-21 所示。

（5）修改路径方式

在工具箱中单击钢笔工具，在图像中单击开始绘制起点。在下一个位置时继续单击，两点间会连成一条直线。终点与起点重合时，鼠标指针下方将出现一个小圆圈，单击即可封闭路径，完成路径的创建。

- 添加到路径区域：在已有路径基础上添加新路径，即两个路径的并集。

图 5-21　添加和删除节点

- 从路径区域减去：在已有路径基础上减去新路径和旧路径，即两个路径的差集。
- 交叉路径区域：新路径与旧路径的相交部分，即两个路径的交集。
- 重叠路径区域除外：在已有路径基础上增加新的路径，减去新旧路径相交的部分，形成最终的路径。

2. 自由钢笔工具

选中自由钢笔工具 后，可以通过按住鼠标左键并以徒手绘制的方式创建路径，鼠标经过的地方会生成路径和节点。移动至起点时，鼠标指针右下角出现一小圆圈，即可封闭路径。

选中自由钢笔工具时，菜单栏下方将出现自由钢笔工具的选项栏，如图 5-22 所示。

图 5-22　自由钢笔工具选项栏

选中【磁性的】复选框后，自由钢笔工具将变为磁性钢笔工具，磁性钢笔工具与磁性套索工具的使用方法相似，可沿着图像中的物体边缘自动形成路径。

3. 添加锚点工具

选择添加锚点工具 后，将鼠标放在建立好的工作路径上单击，即可在工作路径上增加节点。

4. 删除锚点工具

选择删除锚点工具 后，将鼠标放在建立好的工作路径的已有节点上单击，即可在工作路径上删除该节点。

5. 转换点工具

选中转换点工具 ，可以将曲线路径上的曲线点转换为角点。角点两边的路径由曲线变为直线。也可以将直线路径上的角点转换为曲线点。

5.3.4　编辑路径

1. 路径选择工具

路径选择工具 可以整体移动和改变路径的形状，使用方法与移动工具相似，在选择一个或几个路径并对其进行移动、组合、对齐、分布和变形时，选择路径选择工具后，会出现相应的工具选项栏，如图 5-23 所示。

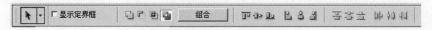

图 5-23　路径选择工具选项栏

- 组合：绘制好路径后，可以以不同方式进行路径组合，可以在 4 种方式中进行选择。
- 对齐分布路径：绘制好几个路径后，同时将它们选中，再在选项栏中可进行不同对齐分布方式的

选择,包括【顶对齐】 、【水平中齐】 、【底对齐】 、【左对齐】 、【垂直对齐】 、【右对齐】
6 种方式以及相应的 6 种分布方式,如图 5-24 所示。

2. 直接选择工具

使用直接选择工具 ,可以移动路径中的节点,移动一段或全部路径,也可以调整方向线和方向点以改变路径的形状,如图 5-25 所示。

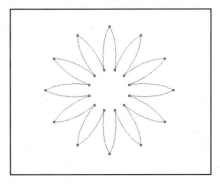 

图 5-24　利用路径选择工具选择路径后的效果　　　图 5-25　利用直接选择工具选择路径后的效果

 **提　示**

在绘制和调整路径的过程中,为操作的快捷和方便,可配合使用快捷键:①在绘制过程中,按住 Ctrl 键,可以切换至直接选择工具,这样可以在绘制的同时进行路径的调整。使用套索工具和多边形套索工具时,同样可以在选项栏中进行羽化和消除锯齿的设置。②在绘制曲线路径时,按住 Alt 键并单击曲线节点,即可去掉一个方向,从而可做单边调整,避免影响下一路径段的绘制。③在绘制曲线路径的过程中,按住 Alt 键的同时进行方向点的调整,可将曲线点转变为角点,从而可以对角点两边的曲线段分别进行调整。

3.【路径】面板的使用

【路径】面板是对路径进行编辑的重要工具,可以进行存储、新建、描边以及删除路径等操作,选择【窗口】/【路径】命令,可以显示【路径】面板,创建的路径也会在【路径】面板中显示出来,如图 5-26 所示。

（1）新建路径

创建工作路径时,在工具箱中单击钢笔工具,再在图像中单击,开始绘制起点。在下一个位置继续单击,两点间会连成一条直线。当终点与起点重合时,鼠标指针下方将出现一个小圆圈,单击即可封闭路径,完成路径创建。

图 5-26　【路径】面板

（2）显示或隐藏路径

单击【路径】面板中的路径名,当该路径层显示为深蓝色时,表示可显示路径。一次只能显示一个路径。若需隐藏该路径,在【路径】面板的任意空白处单击,当路径层变为灰色时,即表示路径已被隐藏,如图 5-27 所示。

（3）复制路径

在【路径】面板中单击选择需要复制的路径,将其拖移至【路径】面板底部的【新建路径】按钮上,即可完成路径的复制,如图 5-28 所示。

图 5-27 显示及隐藏路径

图 5-28 复制路径

（4）删除路径

如果要删除路径层，可在【路径】面板中选中该路径层，再单击【路径】面板上 🔳 的图标即可。

（5）存储路径

创建的工作路径如果没有存储，在绘制下一个路径时，新路径将自动代替原有工作路径，因此需要及时对路径进行存储。方法是：将工作路径名直接拖到【路径】面板底部的【新建路径】按钮 🔳 上，即可保存，并自动生成路径名为"路径 1"、"路径 2"，以此类推。如果需要对路径进行重新命名，可在面板中路径名位置双击，在文本框中即可进行路径名的修改。

（6）填充路径

在【路径】面板中，选择需要填充的路径，单击【路径】面板底部的【用前景色填充路径】按钮 ⬤ ，即可填充路径。在默认状态下，填充路径的颜色为前景色，可以通过改变前景色来改变填充颜色，也可以用鼠标直接将选中路径拖动至【填充】按钮上，完成路径填充，如图 5-29 所示。

图 5-29 填充路径

（7）描边路径

在【路径】面板中，还可以利用画笔、铅笔等绘图工具来勾画路径，画笔样式可从工具栏中的画笔工具中进行选择。颜色同样为选择的前景色。操作方法是：选择需要描边的路径，单击路径面板上的【用画笔描边路径】按钮 ⬤ ，即可完成路径描边，如图 5-30 所示。

（8）将路径作为选区载入

在【路径】面板中，可以将创建好的工作路径转换为选区，这是常用的一种用于复杂图像选择的方法，可以创建出复杂的选择范围。操作方法是：利用钢笔工具完成路径绘制后，选中路径层，再单击【路径】面板底部的【将路径作为选区载入】按钮 ⬛ ，即可将路径转换为选区。也可以按住 Ctrl 键并单击该路径层，也可转换为选区，如图 5-31 所示。

图 5-30 描边路径

图 5-31 将路径作为选区载入

（9）从选区生成工作路径

在图层中，使用选框工具创建的选区可以在【路径】面板中转换为路径。操作方法是：建立选区
范围后，单击【路径】面板中的【从选区生成工作路径】按钮；或者
在建立好选区后，按住 Alt 键并单击【路径】面板中的 ◎ 按钮，在弹出
的【建立工作路径】对话框中确定建立的路径，并通过对话框中【容差】
选项的数值输入设置路径的平滑度，数值越大节点越少，线条也越平滑。
该对话框如图 5-32 所示。

图 5-32 【建立工作路径】对话框

5.4 习题

1. 填空题

（1）在 Photoshop CS4 中提供了多种创建选区的方法，其中_____工具是图像处理中最基本、
最常用的工具，用以选择特定的区域以进行图像编辑工作。

（2）不规则的选框工具包括_____、_____、_____和_____。

（3）路径是由_____、_____和_____组成的，具有点、线和方向的属性，因此属于_____
图形。

2. 选择题

（1）要增加原有选区的范围,则在绘制新选区时,需要使用（   ）键；若要减去原有选区的范围,在绘制新选区时,需要使用（   ）键。

       A. Alt   B. Ctrl   C. Shift   D. Shift+Ctrl+R

（2）使用单行 / 单列选框工具绘制表格或平行线时,每条虚线占据的像素宽度是（   ）。

       A. 1 像素   B. 2 像素   C. 3 像素   D. 4 像素

（3）下列将尖角转换成平滑曲线点的描述正确的是（   ）。

       A. 使用转换点工具单击所需要转换的点,拖曳并出现句柄后即可

       B. 使用直接选择工具并按住 Alt 键进行转换

       C. 使用转换点工具并按住 Ctrl 键进行转换

       D. 使用路径选择工具并按住 Alt 键进行转换

（4）关于存储路径,以下说法不正确的是（   ）。

       A. 双击当前工作路径,在弹出的对话框中输入名字,即可存储路径

       B. 工作路径是临时路径,当隐藏路径后,重新绘制路径时,工作路径将被新的路径覆盖

       C. 绘制工作路径后,工作路径将被自动保存

       D. 绘制路径后,单击【路径】面板右上角的箭头,在弹出菜单中选择【存储路径】命令,
           可以保存路径

3. 思考题

（1）在 Photoshop CS4 中,如何将路径自定义为形状?

（2）创建工作路径过程中,可以使用哪些快捷键辅助操作?

第6章

图像的绘制与编辑

学习目标

● 掌握 Photoshop CS4 图像基本绘制工具的使用方法
● 掌握 Photoshop CS4 图像绘制编辑方法

6.1 图像绘画工具的使用

在 Photoshop 中,主要的绘图工具包括画笔工具、铅笔工具、颜色替换工具,这三种工具主要用于绘制颜色及图案,其中画笔工具较为复杂。对应的工具栏如图 6-1 所示。

6.1.1 画笔工具

选择工具栏中的画笔工具 ,在菜单栏下方的工具选项栏中可以进行相关设置,如图 6-2 所示。

图 6-1 绘图工具栏   图 6-2 画笔工具选项栏

1. 设置画笔大小、颜色、硬度及样式

设置画笔大小时,单击画笔旁边的下三角按钮,会弹出下拉列表,然后进行相关设置,如图 6-3 所示。

（1）画笔大小

在【主直径】文本框中输入需要画笔的直径,该值可以决定画笔的粗细。也可以通过直接拖动【主直径】选项下方的滑块设置画笔大小,不同直径的画笔效果如图 6-4 所示。画笔颜色为设置好的前景色颜色。

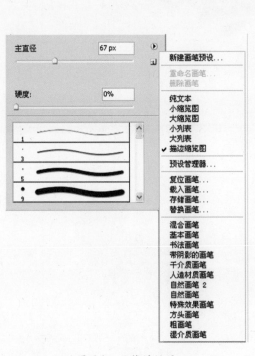

图 6-3 画笔的设置

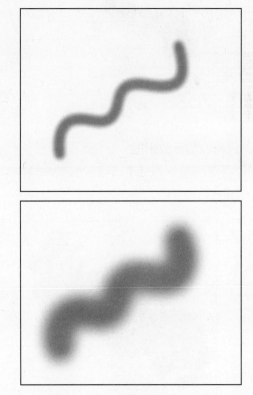

图 6-4 不同直径的画笔效果对比

（2）画笔硬度

画笔的【硬度】选项用于设置画笔的柔软程度,可在【硬度】文本框中输入数值,或者直接拖动滑块进行设置,如图 6-5 所示。

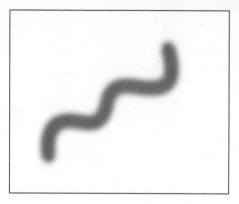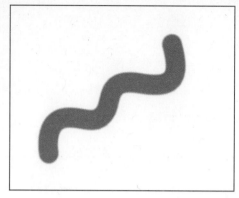

图 6-5　相同直径不同硬度的画笔效果对比

(3) 画笔样式设置

画笔默认样式为圆形,如果需要重新设置画笔样式,可在【硬度】选项下方的下拉列表中选择不同画笔样式;或单击【主直径】右侧的 按钮,在弹出的列表中进行更多的选择,如图 6-6 所示。

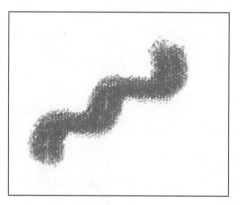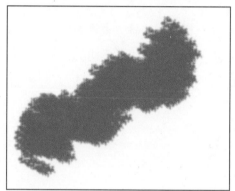

图 6-6　干介质画笔和湿介质画笔效果对比

2. 设置画笔不透明度

在画笔选项栏中的【不透明度】文本框中输入 1% ～ 100% 的相应数值,可以绘制出透明效果,如图 6-7 所示。

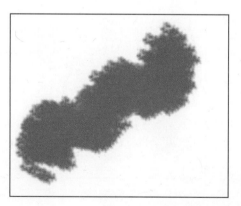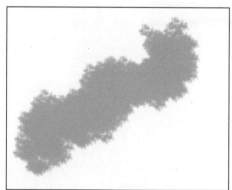

图 6-7　透明度为 100% 与透明度为 50% 的效果对比

3. 设置画笔流量

选项栏中的【流量】选项用于设置绘图时的颜色量,数值越小,图像颜色越淡,效果越不明显,如图 6-8 所示。

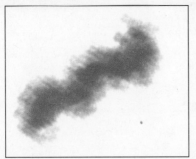
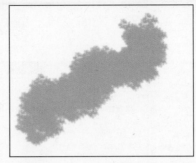

图 6-8   100% 流量与 20% 流量的效果对比

4.【画笔】面板

画笔的选项除了可以在画笔的选项栏中设置外,还可以通过【画笔】面板进行设置,选择【窗口】/
【画笔】命令,或者按 F5 快捷键,即可打开【画笔】面板,该面板及一些设置效果如图 6-9 ～图 6-11 所示。

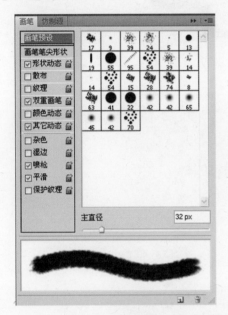

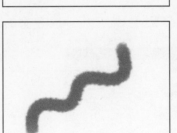

图 6-9 【画笔】面板   图 6-10   选择不同形状动态的画笔效果

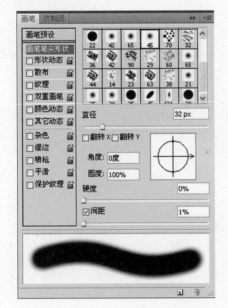
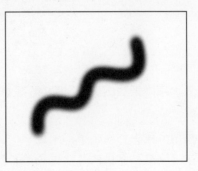

图 6-11   选择不同笔尖形状

（1）形状动态

用于设置画笔图案变动方式及相关的控制选项，如图 6-12 所示。

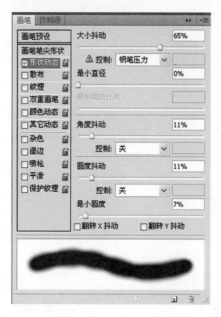

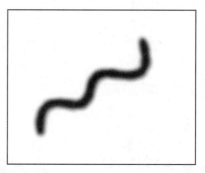

图 6-12　选择形状动态

（2）散布

用于设置画笔中图案的散布情况，并设置中间间隔图案的数量，如图 6-13 所示。

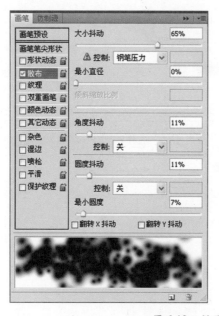

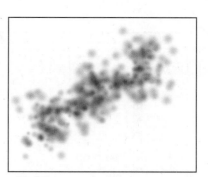

图 6-13　设置散布效果

（3）纹理

用于为画笔添加不规则的图案，并设置图案之间凸显的程度。

（4）双重画笔

双重画笔使用两个笔尖创建画笔的笔迹，在【画笔】面板的【画笔笔尖形状】选项区域可以设置主要笔尖的选项。在【画笔】面板的【双重画笔】选项区域可以设置次要笔尖的选项。

（5）颜色动态

颜色动态决定描边路线中颜色的变化方式，在【画笔】面板中，选择面板左侧的【颜色动态】选项后，再选择项目时一定要单击项目名称。

（6）画笔间距.

在【画笔】面板中，选择【画笔笔尖形状】选项，还可对画笔间距进行设置。画笔间距指单个画笔元素之间的距离，不同的间距可以绘制出不同的图像效果，如图6-14所示。

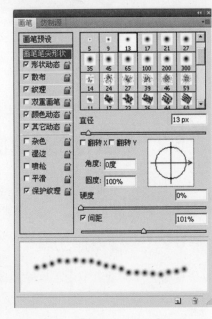

图6-14 【画笔笔尖形状】的设置

6.1.2 铅笔工具

铅笔工具 主要用于模拟铅笔笔触，绘制出的线条较硬，操作方法及设置与画笔工具基本一致，不同的是，增加了【自动抹除】设置项。选中【自动抹除】复选框后，当图像颜色与前景色相同时，铅笔工具会自动涂抹前景色来填入背景色；反之，将自动填入前景色。铅笔工具的选项栏如图6-15所示。

图6-15 铅笔工具选项栏

6.1.3 颜色替换工具

颜色替换工具 用于将设置好的前景色替换图像中的颜色，在不同颜色模式下产生的最终颜色也会不同，如图6-16和图6-17所示。

图6-16 颜色替换工具选项栏

图6-17 利用颜色替换工具为黑白图片上色

1. 模式

模式包括"色相"、"饱和度"、"颜色"、"亮度"4种模式，默认模式为"颜色"。

2. 取样方式

取样方式包括"连续" 、"一次" 、"背景色板" 3种，"连续"是以鼠标指针当前所在位置的颜色为颜色基准进行替换；"一次"是始终以开始涂抹时的基准颜色为颜色基准；"背景色板"是以背景色为颜色基准进行替换。

3. 限制

限制是设置替换颜色的方式，以涂抹时第一次接触的颜色为基准色，包括"连续"、"不连续"、"查找边缘"3 种方式。"连续"是以涂抹过程中鼠标指针当前所在位置的颜色作为基准色来选择替换颜色的范围;"不连续"是将鼠标指针移动到的地方的颜色都替换;"查找边缘"主要是将色彩区域之间的边缘部分颜色都替换。

4. 容差

容差用于设置颜色替换的容差范围,数值越大,替换的颜色范围越大。

6.2　橡皮擦工具的使用

在 Photoshop 中,橡皮擦的主要功能是擦除图像窗口中不需要的内容,主要包含 3 种工具,分别是橡皮擦工具 、背景橡皮擦工具 、魔术橡皮擦工具 ,如图 6-18 所示。

6.2.1　橡皮擦工具

橡皮擦工具 主要用于擦除图像窗口中不需要的图像像素,对图像进行擦除后,擦除过的区域将以背景色作为填充,橡皮擦的选项栏如图 6-19 所示。

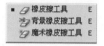

图 6-18　橡皮擦工具栏　　　　　　　　　　　图 6-19　橡皮擦工具选项栏

1. 画笔

画笔用于设置橡皮擦的直径大小,如图 6-20 所示。

图 6-20　不同直径大小的橡皮擦效果

2. 模式

模式用于设置擦除图像时的模式,有"画笔"、"铅笔"和"块"3 个选项。

3. 不透明度

不透明度用于设置擦除图像区域的不透明度,如图 6-21 所示。

图 6-21　不同透明度的橡皮擦效果

4. 抹到历史记录

选中该复选框,橡皮擦工具就具有历史记录画笔的功能。

6.2.2 背景橡皮擦工具

背景橡皮擦工具 ✎ 主要用于擦除图像的背景区域,被擦除的图像以透明效果显示,其擦除功能非常灵活。选中工具箱中的背景橡皮擦工具按钮后,其选项栏的显示如图 6-22 所示。

图 6-22 背景橡皮擦工具选项栏

(1) 取样

在取样框中可以进行连续、不连续或一次背景色板的选择。

(2) 限制

限制用于设置擦除的方式,包括"不连续"、"连续"和"查找边缘"3 种方式。

(3) 容差

容差用于设置擦除颜色时的允许范围,数值越低,擦除的范围越接近取样色。

(4) 保护前景色

选中该复选框后,前景色将不会被擦除。

6.2.3 魔术橡皮擦工具

魔术橡皮擦工具 ✎ 可以自动擦除当前图层中与选取颜色相近的像素。选中该工具后,选项栏的显示如图 6-23 所示。

图 6-23 魔术橡皮擦工具选项栏

(1) 消除锯齿

选中该复选框,可以使擦除边界平滑。

(2) 连续

选中该复选框后,仅擦除与单击处相邻且在容差范围内的颜色;如不选择该复选框,则将擦除图像中所有符合容差范围内的颜色,如图 6-24 所示。

图 6-24 选中【连续】和不选中【连续】复选框的不同效果

(3) 不透明度

不透明度用于设置所要擦除图像区域的不透明度,数字越大,图像擦除越彻底。

6.3　图像修饰工具的使用

6.3.1　模糊、锐化、涂抹工具

1．模糊工具

　　模糊工具 可以对图像的全部或局部进行模糊,减小像素之间的对比度,使图像变得柔和。选择该工具后,选项栏及应用工具效果如图 6-25 和图 6-26 所示。

图 6-25　模糊工具属性栏

图 6-26　使用模糊工具后的效果对比

　　(1) 画笔

　　画笔用于设置模糊工具的画笔直径大小。

　　(2) 模式

　　模式用于设置图像模糊的方式,在下拉列表中根据需要进行选择。

　　(3) 强度

　　强度用于设置模糊程度,选择数值越大,模糊效果越明显。

2．锐化工具

　　锐化工具 与模糊工具的功能相反,可以将模式的图像清晰化,增加像素之间的对比度,使图像边缘变得清晰。选项栏中的【强度】选项值设置越大,锐化效果越明显。选择该工具后,选项栏及应用效果如图 6-27 和图 6-28 所示。

图 6-27　锐化工具选项栏

图 6-28　使用锐化工具后的效果对比

3. 涂抹工具

涂抹工具 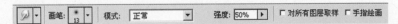 可以将颜色抹开，模拟手指涂抹的效果，使颜色与颜色之间的边缘结合显得自然，不至于生硬或衔接不好。选择该工具后，选项栏及应用效果如图 6-29 和图 6-30 所示。

图 6-29　涂抹工具选项栏

图 6-30　使用涂抹工具后的效果对比

（1）强度

强度用于设置涂抹强度。数值越大，涂抹的力度越大，涂抹处长度越长。

（2）手指绘画

选择该项，可以使涂抹出来的效果混合前景色的颜色。【强度】选项值越大，前景色所占比例越大。

6.3.2　减淡、加深、海绵工具

1. 减淡工具

减淡工具 又称加亮工具，可以使图像颜色减淡。其选项栏及应用效果如图 6-31 和图 6-32 所示。

图 6-31　减淡工具选项栏

图 6-32　使用减淡工具后的效果对比

（1）范围

范围用于设置减淡工具的作用类型，包括"阴影"、"中间调"、"高光"3 个选项。"阴影"用于加深作用于图像暗部区域的像素；"中间调"用于加深作用于图像中灰色的中间范围；"高光"用于加深作用于图像亮部区域的像素。

（2）曝光度

曝光度用于提高颜色的亮度，数值越大，颜色亮度也越大。

2. 加深工具

加深工具又称减暗工具，功能与减淡工具相反，可以使图像变暗，从而达到对图像颜色加深的目的，其选项栏及参数设置与减淡工具基本相同。其选项栏及应用效果如图6-33和图6-34所示。

图 6-33　加深工具选项栏

图 6-34　使用加深工具后的效果对比

3. 海绵工具

海绵工具可以对图像颜色进行加色或去色，通过在选项栏中的【模式】下拉列表中选择"饱和"或是"降低饱和度"来完成加色或去色。其选项栏及应用效果如图6-35和图6-36所示。

图 6-35　海绵工具选项栏

图 6-36　使用海绵工具后的效果对比

（1）模式

模式用于添加颜色或降低颜色。"降低饱和度"为去色，"饱和"为加色。

（2）流量

流量用于设置海绵工具的作用强度。

（3）自然饱和度

选中该复选框，可以得到最自然的加色或减色效果。

6.3.3 仿制图章与图案图章工具

1. 仿制图章工具

仿制图章工具❖可以将取样的区域进行复制，将样本复制到其他图像或同一图像的其他部分，用于修复、掩盖图像中的瑕疵部分。选中该工具后，其选项栏及应用效果如图6-37和图6-38所示。

图 6-37　仿制图章工具选项栏

图 6-38　使用仿制图章工具后的效果对比

（1）对齐

选中该复选框后，用户停笔后再画几次，每次复制都间断其连续性，比较适合用于多种笔画修复一张图像。取消选中该选项后，则每次停笔再画时，都从原先的起画点开始，比较适合于多次修复同一张图像。

（2）样本

在【样本】下拉列表中，可以选择取样的目标范围，有【当前图层】、【当前和下方图层】和【所有图层】3种取样的目标范围供选择。

> **提 示**
>
> 使用仿制图章工具的方法为：首先将图像区域中的某一点定义为取样点，按住Alt键，单击进行取样。取样完成后释放Alt键，将出现的十字线标记作为原始取样点，将指针指向图像窗口中需要修复的位置。单击进行涂抹，图像将会像盖图章一样将取样点区域的图像像素复制到其他区域中。

2. 图案图章工具

图案图章工具❖是将系统自带或者自定义的图案进行复制并填充到图像区域中。其选项栏及应用效果如图6-39和图6-40所示。

（1）画笔

画笔用于设置填充图案时的图案大小。

图 6-39　图案图章工具选项栏

图 6-40 使用图案图章工具后的效果对比

（2）模式

模式用于设置涂抹图案颜色的混合模式。

（3）图案

单击【图案预览】按钮 ，可以打开【图案】面板，然后在面板中选择需要的图案。

（4）印象派效果

选中该复选框，则绘画选取的图像可以产生模糊朦胧的印象派效果。

6.3.4　污点修复画笔、修复画笔、修补工具和红眼工具

1. 污点修复画笔工具

污点修复画笔工具 可以迅速修复图像存在的瑕疵和污点，在修复时不需要取样，可直接对图像进行修复。选择该工具后，其选项栏及应用效果如图 6-41 和图 6-42 所示。

图 6-41　污点修复画笔工具选项栏

图 6-42　使用污点修复画笔工具后的效果对比

（1）画笔

画笔可设置修复画笔的直径、硬度和间距。

（2）模式

在该下拉列表中可以选择多种混合模式。

（3）类型

可选择"近似匹配"或"创建纹理"两种类型之一。"近似匹配"将所涂抹的区域以周围的像素进行覆盖，"创建纹理"是以其他纹理进行覆盖。

(4) 对所有图层取样

选中该复选框, 可从所有的可见图层中提取数据。

2. 修复画笔工具

修复画笔工具🖊️常用于修饰小部分的图像, 并修复图像中的缺陷。使用修复画笔工具, 需要先取样, 再将选取的图像填充到要修复的目标区域中, 还可以将所选择的图案应用到修复的图像区域中。其选项栏如图 6-43 所示。

图 6-43　修复画笔工具选项栏

(1) 源

在图像中选择源点时, 若选中【取样】单选按钮, 则需按住 Alt 键, 单击鼠标进行取样。也可以在【图案】下拉列表中选择纹理图案, 用纹理图案修复图像。

(2) 对齐

选中该复选框, 在修复过程中每次重新开始涂抹时, 都会按上次移动的位置来修复, 不会因中途停止而错位修复。

(3) 样本

有"当前图层"或"当前和下方图层"、"所有图层" 3 个选项。选择【所有图层】, 可对位于光标下的图像进行取样, 而没有当前图层和非当前图层的限制。

3. 修补工具

修补工具🔷可以用其他区域或图案中的像素来修复选中的区域。与修复画笔工具相似, 将会把取样像素的纹理、光照和阴影与源像素进行匹配, 还可以仿制图像的隔离区域。选择该工具后, 选项栏如图 6-44 所示。

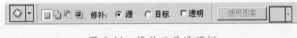

图 6-44　修补工具选项栏

(1) 运算按钮

运算按钮可以对选区进行添加、减去等运算。

(2) 修补

修补用于设置修复图像的源点, 提供"源"和"目标"两个选项用于选择。

(3) 透明

透明用于设置修复图像的透明度。

(4) 使用图案

选中该复选框后, 可以应用图案对所选择的区域进行修复。

4. 红眼工具

红眼工具👁️主要用于将人物眼睛中由于光线原因而形成的红眼进行消除, 其选项栏及应用效果如图 6-45 和图 6-46 所示。

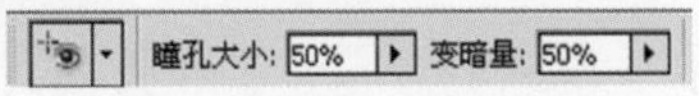

(1) 瞳孔大小

瞳孔大小用于设置红眼工具作用的眼部范围, 数值越大, 范围越大。

图 6-45　红眼工具选项栏

图6-46 使用红眼工具后的效果对比

（2）变暗量

变暗量用于设置瞳孔变为黑色的程度,数值越大,变为正常的效果越明显。

6.3.5 历史记录画笔、历史记录艺术画笔工具

1. 历史记录画笔工具

历史记录画笔工具 主要处理在图像编辑的过程中,如果出现错误,用于返回前一步的操作。可以使图像恢复到最近保存或打开时的面貌。如果图像编辑后尚未保存,使用该工具可以恢复到打开时的面貌。如果图像已经保存并继续操作,使用该工具可恢复到保存后的状态。

2. 历史记录艺术画笔工具

历史记录艺术画笔工具 与历史记录画笔工具用法基本一样,不同之处在于历史记录艺术画笔工具可以形成一种特殊的艺术笔触效果。选择该工具后,选项栏如图6-47所示。

画笔: 21 模式: 正常 不透明度: 100% 样式: 绷紧短 区域: 50 px 容差: 0%

图6-47 历史记录艺术画笔工具选项栏

（1）不透明度

不透明度用于设置该工具在图像中涂抹后的透明效果。

（2）样式

样式用于设置艺术样式。

（3）区域

区域用于设置该工具的工作范围。

（4）容差

容差用于设置效果可覆盖的范围。容差越大,覆盖范围越小；容差越小,覆盖的范围越大。

6.4 习题

1. 填空题

（1）可以用于对图像的全部或局部进行模糊,减小像素之间的对比度,使图像变得柔和的工具是_____。

（2）使用减淡工具将图像中的暗部进一步加深时,需要在工具选项栏中设置范围为_____。

2. 选择题

（1）下面对背景色橡皮擦工具与魔术橡皮擦工具描述正确的是（　　）。

    A.背景色橡皮擦工具与橡皮擦工具使用方法基本相似,背景色橡皮擦工具可将颜色擦掉

      并变成没有颜色的透明部分

    B.魔术橡皮擦工具可根据颜色近似程度来确定将图像擦成透明的程度

    C.背景色橡皮擦工具选项栏中的【容差】选项用来控制擦除颜色的范围

    D.魔术橡皮擦工具选项栏中的【容差】选项在执行后只擦除图像连续的部分

（2）当编辑图像时使用减淡工具,可以（　　）。

    A.使图像中某些区域变暗　　　　　　B.删除图像中的某些像素

    C.使图像中某些区域变亮　　　　　　D.使图像中某些区域的饱和度增加

（3）下面（　　）可以减少图像的饱和度。

    A.加深工具　　　　　　　　　　　　B.锐化工具（正常模式）

    C.海绵工具　　　　　　　　　　　　D.模糊工具（正常模式）

3. 思考题

（1）Photoshop CS4 中,哪些工具可以用于图像绘制?

（2）仿制图章工具与图案图章工具有哪些区别?

第7章

"图像绘制"篇案例演示

学习目标

- 学习 Photoshop CS4 基本工具的作用及应用方法
- 练习 Photoshop CS4 绘制图像的基本案例

7.1 花图

（1）选择【文件】/【新建】命令（快捷键是 Ctrl+N），打开【新建】对话框，参数设置如图 7-1 所示。

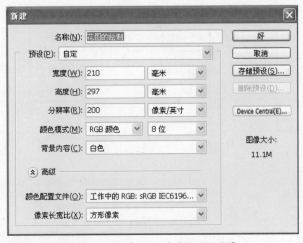

图 7-1　新建文件"花图的绘制"

（2）新建"图层 1"，选择椭圆选框工具绘制椭圆。填充径向渐变如下：深灰（R:70/G:70/B:70）到浅灰（R:220/G:220/B:220）。按 Ctrl+D 快捷键取消选区，效果如图 7-2 和图 7-3 所示。

图 7-2　为"图层 1"设置渐变

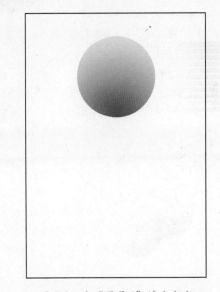

图 7-3　为"图层 1"填充渐变

（3）新建"图层 2"。在椭圆上方绘制一个小椭圆，填充从白色到透明的径向渐变，如图 7-4 和图 7-5 所示。按 Ctrl+T 快捷键变换椭圆，调至合适大小，如图 7-6 所示。

（4）选择"图层 2"，选择【滤镜】/【模糊】/【高斯模糊】命令，参数设置如图 7-7 所示，效果如图 7-8 所示。

（5）按 Ctrl+E 快捷键合并"图层 1"到"图层 2"，如图 7-9 所示。再选择加深工具 ，加深花瓣下边缘色彩，效果如图 7-10 所示。

（6）复制"图层 2"得到"图层 2 副本"。选中"图层 2 副本"并按 Ctrl+T 快捷键，在出现定界框以后，按住 Shift 键，并用移动工具将中心点移动到花瓣正下方，在状态栏输入旋转角度为 60，按

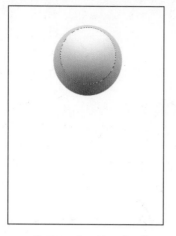

图 7-4　建立椭圆选区

图 7-5　【图层】面板分布

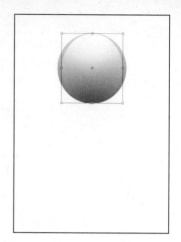

图 7-6　变换椭圆选区

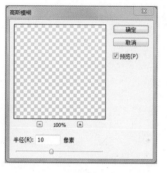

图 7-7　"图层 2"的【高斯
　　　模糊】对话框

图 7-8　"图层 2"模糊
　　　后效果

图 7-9　合并后【图层】面板

图 7-10　加深边缘

Enter 键确认,如图 7-11 和图 7-12 所示。

　　(7) 重复按 Ctrl+Shift+Alt+T 快捷键,完成另外四个花瓣的制作。按住 Shift 键选择所有花瓣图层,按 Ctrl+E 快捷键合并图层,并命名为花瓣。效果如图 7-13 和图 7-14 所示。

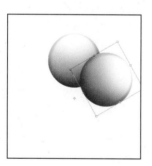

图 7-11　复制"图层 2"

图 7-12　角度设置

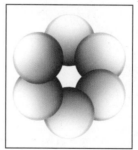

图 7-13　重复复制花瓣

图 7-14　合并所有花瓣图层

　　(8) 新建"图层 1",然后绘制椭圆,填充径向渐变:浅灰(R:240/G:240/B:240)到深灰(R:80/G:80/B:80),效果如图 7-15 和图 7-16 所示。

　　(9) 选择【文件】/【新建】命令(Ctrl +N),打开【新建】对话框,参数设置如图 7-17 所示。

　　(10) 选择椭圆选框工具◯,并绘制一个圆。填充径向渐变:浅灰(R:240/G:240/B:240)到深灰(R:80/G:80/B:80),如图 7-18 所示。按 Ctrl+D 快捷键取消选区,选择【编辑】/【定义图案】命令,如图 7-19 所示,自定义一个图案并关闭该文件。

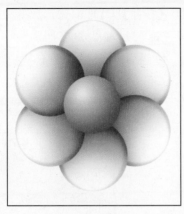

图 7-15 绘制花心

图 7-16 径向渐变后的【图层】面板

图 7-17 新建文件

图 7-18 绘制图形

图 7-19 定义图案

（11）返回"花图"的绘制文件，选择"图层1"，按住 Ctrl 键激活该图层，同时新建"图层2"，执行【编辑】/【填充】/【图案】命令（选择刚才自定义图案），如图 7-20～图 7-22 所示。

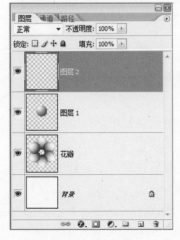

图 7-20 新建"图层2"

图 7-21 填充图案

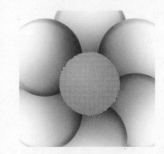

图 7-22 填充后效果

（12）选择"图层2"，在保持选择的状态下，执行【滤镜】/【扭曲】/【球面化】命令。按 Ctrl+F 快捷键，重复操作一次。按 Ctrl+T 快捷键，再按住 Shift 键使图像旋转 45°，如图 7-23 所示。

（13）降低"图层2"的【不透明度】为 70%，选择"图层1"和"图层2"，按 Ctrl+E 快捷键合并图层，命名为"花心"。效果如图 7-24 和图 7-25 所示。

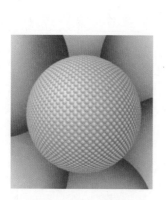

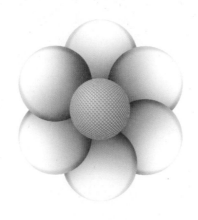

图 7-23　球面化效果　　　　　图 7-24　合并"图层1"和"图层2"　　　　　图 7-25　合并后【图层】面板

（14）新建"图层1"，选择矩形选框工具并绘制一长方形，如图 7-26 所示。打开【渐变编辑器】对话框设置渐变，然后绘制图形填充线性渐变，如图 7-27 所示。

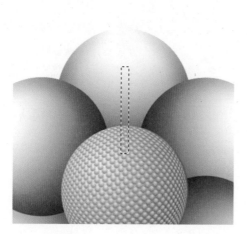

图 7-26　绘制长方形选区　　　　　　　　　图 7-27　设置线性渐变

（15）选择"图层1"，按 Ctrl+T 快捷键，再右击并选择【透视】命令，将矩形顶端向中心缩进，如图 7-28 所示。

（16）选择椭圆选框工具并按住 Shift 键绘制一个圆，设置【渐变编辑器】对话框，填充径向渐变，效果如图 7-29 所示。

（17）选择"图层1"，按 Ctrl+T 快捷键并旋转图形。原处复制图层后将副本水平翻转，再调整位置。然后合并两个图层，命名为"花心1"，并置于图层"花心"下方，效果如图 7-30 和图 7-31 所示。

（18）复制图层"花心1"，得到图层副本。对复制的图层副本按 Ctrl+T 快捷键进行变形操作，在出现定界框以后，按住 Shift 键并用移动工具将中心点移动到图形正下方，在状态栏输入旋转角度为 60°，按 Enter 键确认，如图 7-32 和图 7-33 所示。

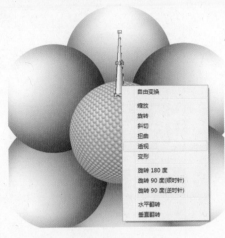

图 7-28 变形及透视

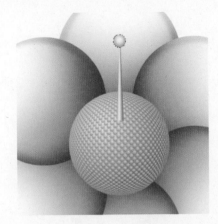

图 7-29 绘制圆形

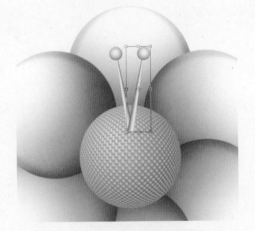

图 7-30 复制"图层 1"

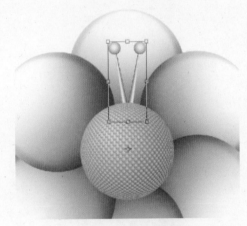

图 7-31 合并两个图层

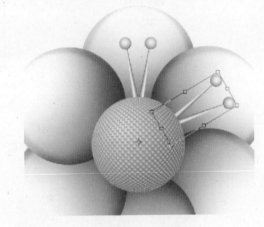

图 7-32 变形图层

图 7-33 角度设置

（19）重复按 Ctrl+Shift+Alt+T 快捷键，完成另外四个花心的绘制，按住 Shift 键选择所有"花心 1"图层及其副本，按 Ctrl+E 快捷键合并图层，命名为"花心 1"，效果如图 7-34 和图 7-35 所示。

（20）将图层"花心 1"复制一次，将复制的副本图层旋转 45°，同时按住 Shift 和 Alt 键向中心缩进，如图 7-36 所示。合并两个图层，命名为"花心 1"，效果如图 7-37 所示。

（21）按 Ctrl+E 快捷键合并除"背景"图层以外的其他图层，命名为"花卉"。这样就完成了简单花卉的绘制，效果如图 7-38 和图 7-39 所示。

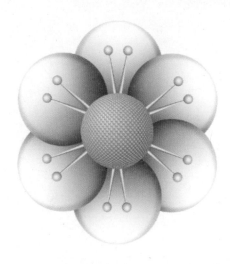

图 7-34　复制花心图层

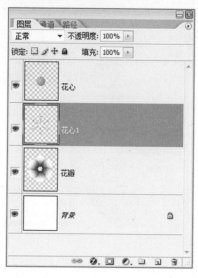

图 7-35　调整后【图层】面板

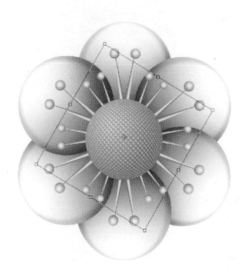

图 7-36　复制图层"花心 1"

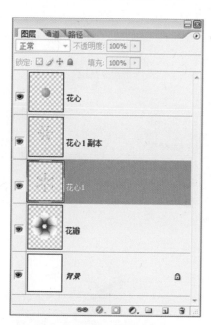

图 7-37　复制图层后的【图层】面板

图 7-38　合并后的"花卉"图层

图 7-39　合并图层后的【图层】面板

（22）选择"花卉"图层，按 Ctrl+J 快捷键得到"花卉"副本图层，选择下方图层并按 Ctrl+T 快捷键，再按住 Shift 键等比例放大，效果如图 7-40 所示。

（23）选择原"花卉"图层，继续复制多个花卉图形，适当调整各自的大小，效果如图 7-41 和图 7-42 所示。

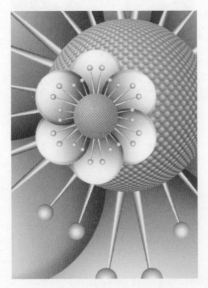

图 7-40　复制"花卉"图层

图 7-41　继续复制图层

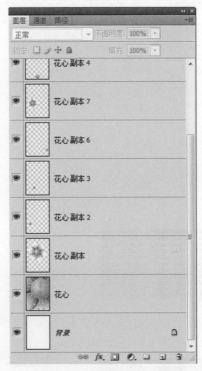

图 7-42　调整大小后【图层】面板

（24）新建图层并置于顶层。填充径向渐变为黄色（R:255/G:174/B:0）到绿色（R:18/G:62/B:3），效果如图 7-43 ～图 7-45 所示。

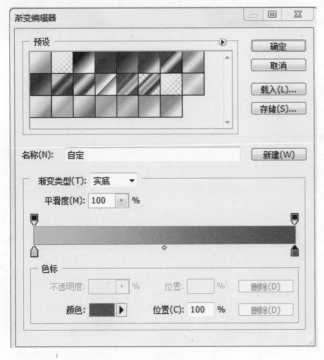

图 7-43　设置径向渐变

图 7-44　填充径向渐变

（25）将图层的模式改为"叠加",完成花图绘制,效果如图7-46和图7-47所示。

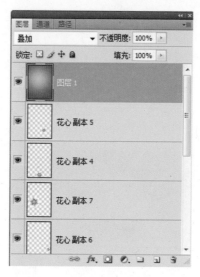

图 7-45 填充后【图层】面板　　　图 7-46　图层模式　　　图 7-47　最终效果

7.2　海底世界

（1）选择【文件】/【新建】命令（Ctrl +N）,打开【新建】对话框,参数设置如图7-48所示。

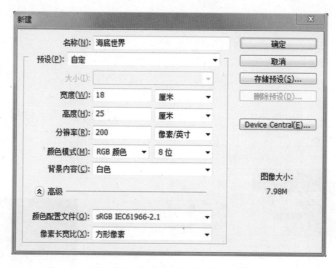

图 7-48　新建文件"海底世界"

（2）编辑【渐变编辑器】,设置径向渐变为浅蓝（R:10/G:84/B:113）到深蓝（R:0/G:21/B:35）,如图7-49所示。选择"背景"图层,填充径向渐变,如图7-50所示。

（3）双击"背景"图层,在弹出的如图7-51所示面板中单击【确定】按钮,对"背景"图层解锁,如图7-52所示。

（4）复制"图层0",得到"图层0"副本,双击"图层0"副本,在弹出的图层样式中选择"图案叠加",参数设置如图7-53所示,效果如图7-54所示。

（5）将"图层0副本"的图层叠加模式改为"正片叠底",不透明度降低为70%,如图7-55所示。得到的效果如图7-56所示。

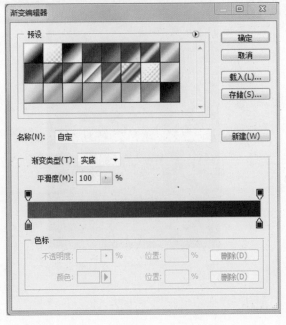

图 7-49 设置径向渐变

图 7-50 填充径向渐变

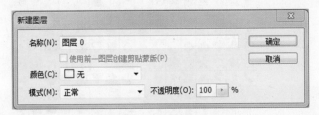

图 7-51 "背景"图层解锁

图 7-52 【图层】面板

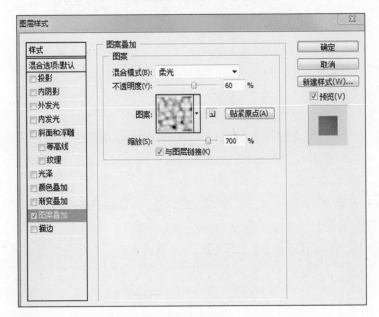

图 7-53 图案叠加

图 7-54 填充图案后效果

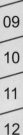

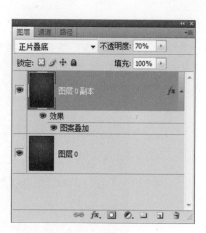

图 7-55　改变图层模式

图 7-56　降低不透明度后的效果

（6）选择【自定义形状工具】，在如图 7-57 所示列表栏中追加所有形状，如图 7-58 所示。

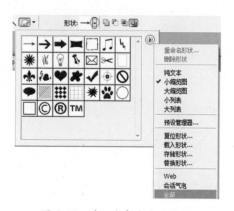

图 7-57　追加全部自定义形状

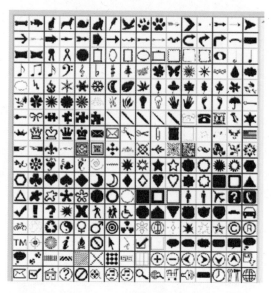

图 7-58　自定义形状列表

（7）新建"图层 1"，选择【自由套索工具】，绘制如图 7-59 所示选区。选择【喷枪工具】，设置柔角笔触，设置前景色为黑色，将【不透明度】与【流量】选项值降低为 40%，然后沿选区内进行绘制，如图 7-60 所示。

（8）新建"图层 2"，选择自定义形状中的"蕨类植物"，将对应的状态栏改为填充像素，设定前景色为蓝色（R:14/G:64/B:83），绘制如图 7-61 所示图形。按 Ctrl+T 快捷键出现定界框后，按住 Ctrl 键调整植物的形状、方向、大小，如图 7-62 所示。

（9）新建"图层 3"，按住 Ctrl 键并单击图层，激活"图层 2"中内容定为选区，设置前景色为黄绿色（R:170/ G:208/B:140），在"图层 3"中填充从前景色到透明的渐变，如图 7-63 和图 7-64 所示。

（10）复制"图层 3"，得到"图层 3 副本"，选择【滤镜】/【模糊】/【高斯模糊】命令，参数设置如图 7-65 所示，效果如图 7-66 所示。

（11）按住 Shift 键的同时选择"图层 2"、"图层 3"与"图层 3 副本"并进行复制，如图 7-67 所示，并将复制后图层合并为"图层 3 副本 3"，如图 7-68 所示。

图 7-59　绘制选区

图 7-60　上色

图 7-61　绘制形状

图 7-62　使植物变形

图 7-63　为"图层 3"设置渐变

图 7-64　为"图层 3"填充渐变

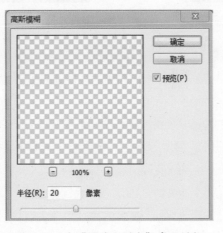

图 7-65　为"图层 3 副本"高斯模糊

图 7-66　"图层 3 副本"模糊后效果

图 7-67 复制得"图层 3 副本 3"

图 7-68 复制后【图层】面板

（12）选择"图层 2"进行复制,得到"图层 2 副本",按 Ctrl+T 快捷键打开【变形】,右击并进行水平翻转图形及使其缩小,如图 7-69 所示。选择加深工具,分别对不同图层蕨类植物下端进行加深处理,效果如图 7-70 所示。

图 7-69 复制"图层 2"

图 7-70 加深局部

（13）同时选择所有蕨类植物图层进行复制并合层。按 Ctrl+T 快捷键,然后右击并水平翻转图形使其缩小,如图 7-71 所示。选择【图像】/【调整】/【色相 / 饱和度】命令,参数设置如图 7-72 所示,效果如图 7-73 所示。

（14）重复复制,放置在不同的位置,效果如图 7-74 和图 7-75 所示。

（15）新建"图层 4",置于"图层 2 副本"下方。选择自定义形状中的叶子 ，状态栏改为填充像素,设定前景色为红色（R:182/G:32/B:64）,绘制图形如图 7-76 所示。

（16）按住 Ctrl 键并单击"图层 4",得到"图层 4"选区。选择【选择】/【修改】/【收缩】命令,在弹出的对话框中设置参数,如图 7-77 所示。继续选择【选择】/【修改】/【羽化】命令,在弹出的对话框中设置参数,如图 7-78 所示。最后得到选区如图 7-79 所示。按 Delete 键,得到的效果如图 7-80 所示。

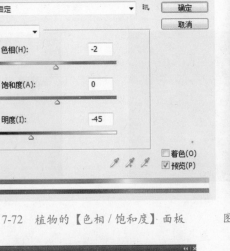

图 7-71　复制并合并图层　　　　图 7-72　植物的【色相／饱和度】面板　　　图 7-73　调整"色相／饱和度"后效果

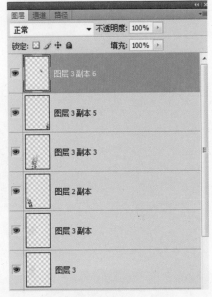

图 7-74　重复复制图层　　　　图 7-75　重新放置后【图层】面板　　　图 7-76　绘制叶子形状

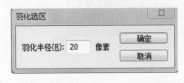

图 7-77　【收缩选区】对话框　　　　　　　　图 7-78　【羽化选区】对话框

图 7-79　选区效果　　　　　　　　　图 7-80　删除选区内容

（17）重复复制"图层4"，分别按 Ctrl+T 快捷键，右击并水平翻转、缩小图形，效果如图 7-81 和图 7-82 所示。

图 7-81 复制"图层 4"

图 7-82 再次复制图层

（18）新建图层并命名为"鱼"，置于"图层 4"的下方。选择自定义形状中的鱼➡，状态栏改为填充像素，设定前景色为橙色（R:242/G:153/B:27），绘制如图 7-83 所示图形。暂时关闭除"鱼"以外所有图层，绘制鱼身细节，如图 7-84 和图 7-85 所示。

图 7-83 绘制鱼的形状

图 7-84 鱼形状

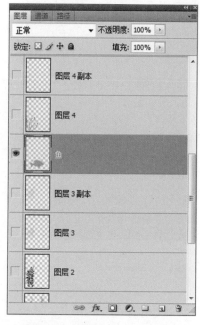

图 7-85 鱼的【图层】面板

（19）新建"图层5"，选择椭圆选框工具，绘制圆形，填充为白色，如图 7-86 所示。继续绘制小圆，填充为黑色，如图 7-87 所示。

图 7-86 绘制眼睛

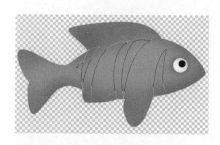

图 7-87 绘制眼珠

（20）按住 Ctrl 键激活"图层 5"内容，选择【选择】/【反相】命令，得到选区如图 7-88 所示。选择喷枪工具,设置颜色为比身体略深的红色,用 60 像素的柔角笔触,喷枪【不透明度】与【流量】选项分别设为 40%,在眼睛周围进行绘制,如图 7-89 所示。按 Ctrl+E 快捷键,向下将"图层 5"与图层"鱼"合并为图层"鱼"。

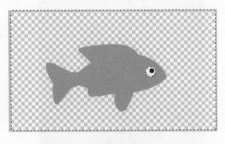

图 7-88　建立眼眶以外选区

图 7-89　加深眼眶周围

（21）按住 Ctrl 键激活图层"鱼"内容,选择喷枪工具,设置颜色为比身体略深的红色,用 150 像素的柔角笔触,喷枪【不透明度】与【流量】选项分别设为 40%,在选区内进行绘制,如图 7-90 所示。

（22）选择钢笔工具,在鱼身体上方绘制花纹路径,如图 7-91 所示。按 Ctrl+E 快捷键,激活路径为选区,选择【图像】/【调整】/【色相 / 饱和度】命令 ,在【色相 / 饱和度】面板中,设置参数如图 7-92 所示,得到的效果如图 7-93 所示。

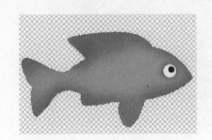

图 7-90　加深身体局部颜色

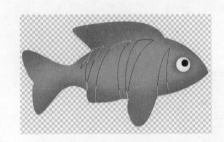

图 7-91　绘制花纹

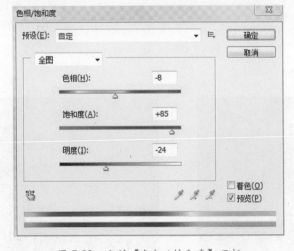

图 7-92　鱼的【色相 / 饱和度】面板

图 7-93　花纹效果

（23）复制"鱼"图层,按下 Ctrl+T 快捷键,再右击并水平翻转及缩小图形,然后放置在如图 7-94 所示位置。再打开其他图层,如图 7-95 所示。

（24）新建"图层 5",调整图层顺序如图 7-96 所示。选择钢笔工具绘制路径如图 7-97 所示。

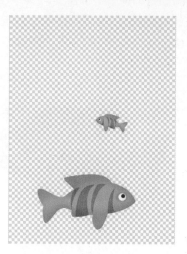

图 7-94　复制"鱼"图层

图 7-95　打开所有图层效果

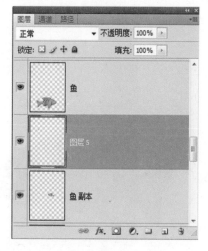

图 7-96　调整顺序后的【图层】面板

图 7-97　绘制路径

（25）选择画笔工具，设置笔触为尖角 9 像素，前景色为绿色（R:99/G:131/B:75）。在【路径】面板中，右击并选择【描边路径】命令，在弹出的对话框中勾选【模拟压力】复选框，效果如图 7-98 所示。重复复制"图层 5"，分别按 Ctrl+T 快捷键，右击并使图形水平翻转、缩小，再按住 Ctrl 扭曲变形，效果如图 7-99 和图 7-100 所示。

图 7-98　描边路径

图 7-99　复制扭曲变形的图层

图 7-100　再次复制图层

（26）新建"图层6"，置于"图层5"的下方。选择自定义形状中的螺线◎，状态栏改为填充像素，设定前景色为绿色（R:99/G:131/B:75），绘制图形如图7-101所示。按Ctrl+T快捷键，右击并使图形做垂直翻转。重复复制"图层6"，放置在不同位置，并将"图层6"与所有副本合层，如图7-102所示和图7-103所示。

图7-101　绘制螺旋纹

图7-102　复制螺旋纹图层

图7-103　继续复制图层

（27）在顶层新建"图层7"，设置为黑色到透明渐变，如图7-104所示。在"图层7"中由下向上绘制线性渐变，如图7-105所示。

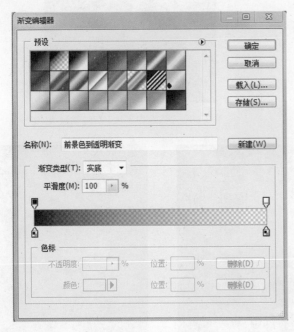

图7-104　设置线性渐变

图7-105　填充线性渐变

（28）在顶层新建"图层8"。选择椭圆选框工具，按住Shift键绘制如图7-106所示选区，并填充蓝色（R:0/G:108/B:187），如图7-107所示。选择【滤镜】/【模糊】/【高斯模糊】命令，参数设置如图7-108所示，效果如图7-109所示。

（29）在顶层新建"图层9"，选择画笔工具，设置星形笔触，设置前景色为浅蓝色（R:126/G:250/B:255），在画面中绘制大小不一的星形，如图7-110～图7-112所示。

图 7-106　建立椭圆选区

图 7-107　填色

图 7-108　为"图层 8"高斯模糊

图 7-109　"图层 8"高斯模糊后效果

图 7-110　绘制背景

图 7-111　再绘制背景

图 7-112　继续绘制背景

（30）新建"图层 10"，选择画笔工具，设置柔角笔触为 300 像素，设置前景色为浅蓝色（R:126/G:250/B:255），将画笔【不透明度】与【流量】值降低为 30%，绘制出烟蕴效果，如图 7-113 所示。将图层模式改为"叠加",得到的效果如图 7-114 所示。

（31）选择所有图层，按 Ctrl+Shift+Alt+E 快捷键，复制所有图层并将合成层置顶。执行【滤镜】/【模糊】/【高斯模糊】命令，【模糊】选项数值设置为 10,将合并图层模式改为"叠加"，【不透明度】选项值降低为 40%,得到的最终效果如图 7-115 所示。

图 7-113　绘制烟蕴

图 7-114　基本效果

图 7-115　最终效果

7.3　荷花

（1）选择【文件】/【新建】命令（Ctrl+N）,打开【新建】对话框，参数设置如图 7-116 所示。

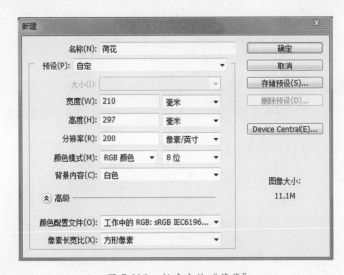
图 7-116　新建文件"荷花"

（2）选择渐变填充工具 ，编辑【渐变编辑器】,设置渐变效果为深蓝（R:0/G:76/B:71）到浅蓝（R:67/G:107/B:137）到白色渐变，如图 7-117 所示，在背景图层填充自左向右的线性渐变，效果如图 7-118 所示。

（3）新建"图层 1",选择矩形选框工具，绘制一长方形，如图 7-119 和图 7-120 所示。

（4）选择"图层 1",选择【滤镜】/【模糊】/【高斯模糊】命令，参数设置如图 7-121 所示，效果如图 7-122 所示。

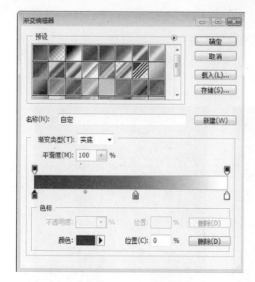

图 7-117　设置渐变

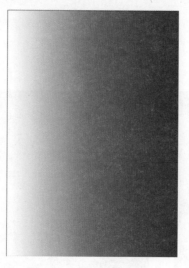

图 7-118　背景填充渐变

图 7-119　绘制长方形

图 7-120　创建"图层 1"

图 7-121　对"图层 1"应用高斯模糊

图 7-122　"图层 1"模糊效果

　　（5）选择"图层 1"，选择【滤镜】/【扭曲】/【水波】命令，参数设置如图 7-123 所示，效果如图 7-124 所示。

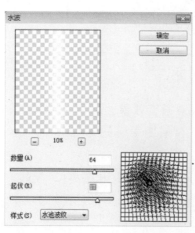

图 7-123　扭曲 / 水波

图 7-124　水波效果

（6）选择"图层 1"，选择橡皮擦工具，设置柔滑笔触，擦去水波两端多余的部分，如图 7-125 所示。按 Ctrl+T 快捷键，放大水波，如图 7-126 所示。将图层【不透明度】降低为 65%，效果如图 7-127 所示。

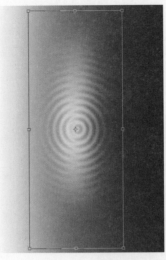

图 7-125　擦去多余两端　　　　图 7-126　变形水波　　　　图 7-127　降低不透明度

（7）选择钢笔工具，绘制如图 7-128 所示路径。

（8）在【路径】面板中选择所绘制的工作路径，单击下方"将路径作为选区载入"图标，如图 7-129 所示。激活该路径，回到【图层】面板，效果如图 7-130 所示。

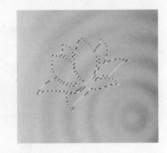

图 7-128　绘制荷花路径　　　　图 7-129　【路径】面板　　　　图 7-130　激活路径为选区

（9）新建"图层 2"，填充选区为白色，效果如图 7-131 所示。

（10）复制"图层 2"，得到"图层 2 副本"。选择【滤镜】/【模糊】/【高斯模糊】命令，参数设置如图 7-132 所示，效果如图 7-133 所示。

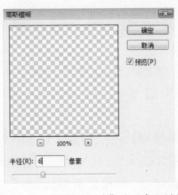

图 7-131　在"图层 2"中填色　　　图 7-132　"图层 2 副本"应用高斯模糊　　　图 7-133　"图层 2 副本"的模糊效果

（11）按住 Shift 键的同时选择"图层 2"与"图层 2 副本"，将两个图层同时拖到【图层】面板"新建图标"上，复制得到"图层 2 副本 2"与"图层 2 副本 3"。在保持选择状态下，按 Ctrl+T 快捷键出现定界框，右击并进行水平翻转，效果如图 7-134 和图 7-135 所示。

图 7-134　复制两个图层

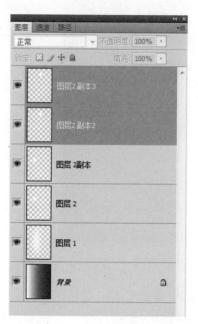

图 7-135　复制图层后的图层效果

（12）新建"图层 3"，选择钢笔工具 🖊，绘制如图 7-136 所示路径。按 Ctrl+Enter 快捷键激活路径选区，填充白色，效果如图 7-137 所示。

图 7-136　绘制荷叶路径

图 7-137　在"图层 3"的选区中填色

（13）选择钢笔工具 🖊，绘制出荷叶大概的经脉，如图 7-138 所示。按 Ctrl+Enter 快捷键激活选区，按 Delete 键删除多余部分，如图 7-139 所示。

（14）选择椭圆选框工具，在荷叶上方绘制椭圆。选择【选择】/【变换选区】命令，效果如图 7-140 所示。

（15）选择【选择】/【修改】/【羽化】命令，参数设置如图 7-141 所示。然后选择【选择】/【反相】命令，应用效果如图 7-142 所示。

（16）选择【滤镜】/【模糊】/【高斯模糊】命令，参数设置如图 7-143 所示，应用效果如图 7-144 所示。

（17）复制"图层 3"，得到"图层 3 副本"。选择"图层 3 副本"，按 Ctrl+T 快捷键，右击并选择水平翻转图形，按住 Shift 键并等比例缩小图形，效果如图 7-145 所示。

图 7-138　绘制叶脉路径

图 7-139　删除多余图形

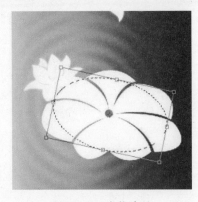

图 7-140　变换选区

图 7-142　反相显示

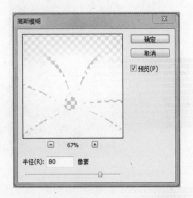

图 7-143　"图层3"中应用高斯模糊

图 7-141　【羽化选区】对话框

图 7-144　"图层3"模糊效果

图 7-145　复制"图层3"

　　（18）使用相同的方法,新建图层并绘制第二片荷叶,再选择橡皮擦工具,设置柔化笔触,擦去多余部分,效果如图 7-146 所示。执行复制、翻转、缩小操作,得到的效果如图 7-147 所示。

　　（19）继续新建图层,使用同绘制荷叶相同的方法,绘制出荷花花蕾,效果如图 7-148 所示。

　　（20）新建图层,选择钢笔工具 ,绘制如图 7-149 所示路径。

　　（21）选择画笔工具,在状态栏设置粗细为 13 像素的柔角笔触,然后选择【路径】面板,如图 7-150 所示。右击,选择描边路径命令。回到【图层】面板,选择橡皮擦工具,淡化底部效果,如图 7-151 所示。

图 7-146　绘制荷叶

图 7-147　继续复制图层

图 7-148　绘制花蕾

图 7-149　绘制花茎路径

图 7-150　【路径】面板

图 7-151　描边路径

（22）继续复制"花茎"图层，如图 7-152 所示，反复操作后效果如图 7-153 所示。

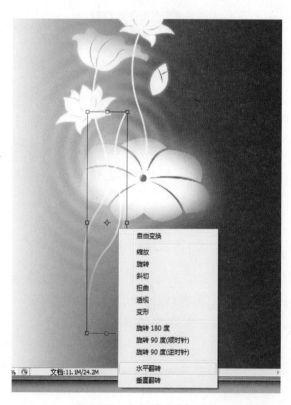

图 7-152　复制"花茎"图层

图 7-153　反复复制后图层效果

（23）按 Ctrl+N 快捷键新建文件，参数设置如图 7-154 所示。

（24）新建"图层 1"，选择椭圆选框工具，按住 Shift 绘制一个圆，并填充为黑色，效果如图 7-155 所示。

（25）在保持选择的状态下，选择"图层 1"，选择【选择】/【修改】/【收缩】命令，参数设置如图 7-156 所示。

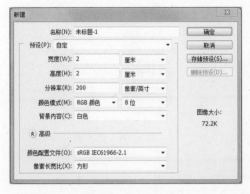

图 7-154　新建文件　　　　　图 7-155　绘制圆　　　　　图 7-156　收缩"图层 1"

（26）将收缩后的选区向上移动，如图 7-157 所示。选择【选择】/【修改】/【羽化】命令，参数设置如图 7-158 所示。按 Delete 键删除选区内的内容，效果如图 7-159 所示。

（27）新建"图层 2"，选择椭圆选框工具，在大圆下方绘制一个小椭圆，效果如图 7-160 和图 7-161 所示。

图 7-157　移动选区　　图 7-158　【羽化选区】对话框　　图 7-159　删除　　　图 7-160　绘制形状

（28）选择"图层 2"，选择【滤镜】/【模糊】/【高斯模糊】命令，参数设置如图 7-162 所示，效果如图 7-163 所示。

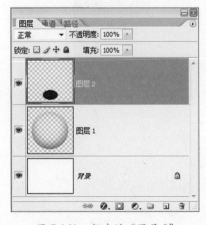

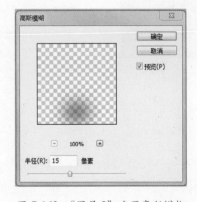

图 7-161　新建的"图层 2"　　　图 7-162　"图层 2"应用高斯模糊　　　图 7-163　"图层 2"模糊效果

（29）关闭背景图层，按 Ctrl+E 快捷键合并背景以外的所有图层，效果如图 7-164 和图 7-165 所示。

（30）选择"图层1"，选择【编辑】/【定义画笔预设】命令，在弹出的对话框中将画笔命名为"水泡"，效果如图7-166和图7-167所示。

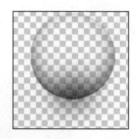

图7-164　合并图层　　　　　图7-165　合并图层后效果　　　　　图7-166　定义画笔预设

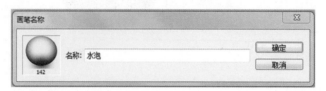

图7-167　【画笔名称】对话框

（31）返回荷花文件，新建图层，设置前景色为白色，选择新定义水泡笔触来绘制水泡，效果如图7-168所示。通过放大或缩小笔触，绘制出更多的水泡，最终效果如图7-169所示。

图7-168　绘制水泡　　　　　　　　　　　图7-169　最终效果

7.4　鬼娃娃新娘

（1）选择【文件】/【新建】命令（Ctrl +N）新建文件，参数设置如图7-170所示。

（2）新建"图层1"，选择椭圆选框工具，绘制一个椭圆，填充灰色（R:194/G:190/B:182），并命名为"脸"，效果如图7-171和图7-172所示。

（3）按住Ctrl键单击脸的图层，激活选区，选择【选择】/【修改】/【扩展】命令，参数设置及效果如图7-173和图7-174所示。

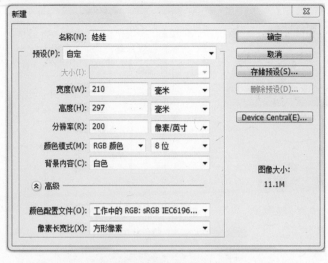

图 7-170 新建文件"娃娃"

图 7-171 绘制图形

图 7-172 新建"图层 1"

图 7-173 【扩展选区】对话框

图 7-174 扩展选区效果

（4）选择矩形选框工具，按住 Alt 键，减去圆下面部分选区，如图 7-175 所示。新建图层，填充选区为黑色，命名为"头发 1"，如图 7-176 和图 7-177 所示。

图 7-175 修剪选区

图 7-176 顶部头发填色

图 7-177 新建"头发 1"图层

（5）选择钢笔工具，沿脸型绘制如图 7-178 所示路径。按 Ctrl+Enter 快捷键，激活路径为选区，填充为黑色，如图 7-179 和图 7-180 所示。

（6）在保持选区的状态下，按 Ctrl+J 快捷键，复制选区内的内容，得到"图层 1"。按 Ctrl+T 快捷键，右击鼠标并水平翻转图形。按住 Shift 键将图形水平移至脸的右边，效果如图 7-181 所示。按 Ctrl+E 快捷键向下合并图层，如图 7-182 所示。

（7）新建图层，选择钢笔工具，绘制如图 7-183 所示路径。按 Ctrl+Enter 快捷键，激活路径为选区，

图 7-178　绘制头发路径

图 7-179　右侧头发填色

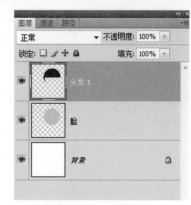

图 7-180　绘制一侧头发的【图层】面板

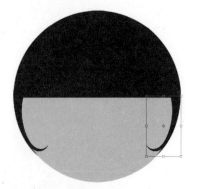

图 7-181　复制一侧头发

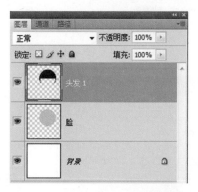

图 7-182　两侧头发的【图层】面板

图 7-183　绘制鼻子等路径

图 7-184　绘制鼻子

图 7-185　绘制眉毛

选择画笔工具，选择 200 像素的柔角笔触，设置前景色为灰色（R:161/ G:155/B:145），沿选区内进行绘制，效果如图 7-184 所示。同样方法绘制右边，命名为"眉毛"，如图 7-185 所示。

　　（8）新建图层，选择钢笔工具，绘制如图 7-186 所示路径。进入【路径】面板，双击工作路径，在弹出的面板中，将新路径命名为"眼眶"，如图 7-187 所示。

图 7-186　绘制眼眶

图 7-187　命名"眼眶"路径

（9）回到【图层】面板，按 Ctrl+Enter 快捷键，激活路径为选区，选择【选择】/【反向】命令，选择喷枪工具，设置前景色为深灰色（R:79/G:77/B:73），将【不透明度】与【流量】选项降低为 50%，沿选区边缘进行绘制，效果如图 7-188 所示。将图层命名为"眼眶 1"，如图 7-189 所示。

图 7-188　绘制眼眶周围

图 7-189　命名"眼眶 1"图层

（10）激活【路径】面板中眼眶路径为选区，回到【图层】面板中"眼眶 1"图层，在选区范围内填充浅灰色（R:79/G:77/B:73）到透明的线性渐变，效果如图 7-190 和图 7-191 所示。

图 7-190　设置眼眶 1 图层渐变

图 7-191　对眼眶 1 填充渐变

（11）新建图层，选择钢笔工具，绘制如图 7-192 所示路径。激活路径为选区，填充黑色到深灰（R:90/G:90/B:90）的径向渐变，效果如图 7-193 所示。将图层命名为"眼珠"。

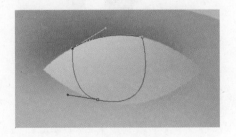

图 7-192　绘制眼珠路径

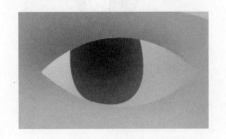

图 7-193　对眼珠填充渐变

（12）选择钢笔工具,继续在眼珠上方绘制如图 7-194 所示路径,激活路径为选区,填充黑色,效果如图 7-195 所示。

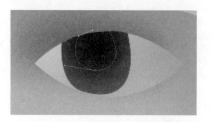

图 7-194　在眼珠中绘制路径

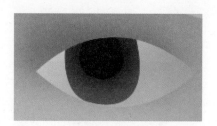

图 7-195　在眼珠选区中填充黑色

（13）选择椭圆选框工具,在"眼珠"图层绘制如图 7-196 所示小圆,填充为白色。继续在旁边绘制小圆,填充颜色为灰色（R:148/G:148/B:148）,如图 7-197 所示。

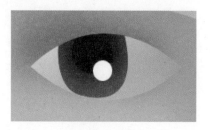

图 7-196　绘制高光

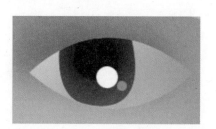

图 7-197　继续绘制高光

（14）在"眼珠"图层,选择加深工具与减淡工具,设置柔角笔触,曝光度为 50%,调整大小,对眼珠周围进行加深处理,如图 7-198 所示。再对眼珠中间进行减淡处理,如图 7-199 所示。

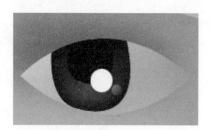

图 7-198　加深眼珠边缘

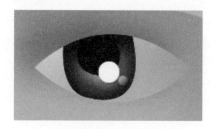

图 7-199　减淡眼珠中部

（15）新建图层,选择钢笔工具,绘制如图 7-200 所示路径。激活路径为选区,填充黑色,如图 7-201 所示,并将图层命名为"睫毛"。

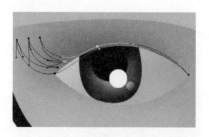

图 7-200　绘制睫毛路径

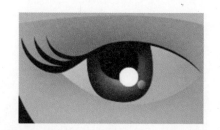

图 7-201　将睫毛填充黑色

（16）新建图层,置于"眼眶 1"图层下方,选择钢笔工具,绘制如图 7-202 所示路径。激活路径为选区,选择喷枪工具,设置前景色为深灰色（R:27/G:27/B:27）,将【不透明度】与【流量】选项值降低为 50%,沿选区边缘进行绘制,效果如图 7-203 所示。

图 7-202　绘制眼窝路径　　　　　　　　图 7-203　加深眼窝

（17）新建图层，置于"眼皮"图层下方，选择椭圆选框工具，绘制椭圆，填充粉红色（R:178/G:178/B:119），如图 7-204 所示。选择【滤镜】/【模糊】/【高斯模糊】命令，参数设置如图 7-205 所示，图层命名为"腮红"。

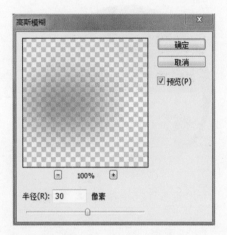

图 7-204　绘制腮红　　　　　　　　图 7-205　为"腮红"图层添加
　　　　　　　　　　　　　　　　　　　　　高斯模糊效果

（18）激活路径面板中"眼眶"路径为选区，回到【图层】面板中的"腮红"图层，删掉选区内容，效果如图 7-206 所示。选择加深工具，加深眼眶周围的腮红，效果如图 7-207 所示。

（19）在"腮红"图层上方新建图层，选择椭圆选框工具并绘制椭圆，填充为白色，如图 7-208 所示。降低图层【不透明度】为 34%，如图 7-209 所示。按 Ctrl+E 快捷键向下合并为"腮红"图层。

图 7-206　删除多余腮红　　图 7-207　加深局部　　图 7-208　绘制高光点　　图 7-209　降低不透明度

（20）按住 Shift 键的同时选择"睫毛"、"眼珠"、"眼眶"、"眼皮"、"腮红"图层，选择移动工具，按住 Alt 键进行复制，然后将所有副本水平移动到右边，效果如图 7-210 所示。按住 Ctrl 键选择"睫毛"与"眼皮"图层，按 Ctrl+T 快捷键，右击并选择水平翻转功能，调整位置，效果如图 7-211 所示。

（21）新建图层，选择钢笔工具，绘制上嘴皮，填充深红色（R:182/G:116/B:116），效果如图 7-212 所示。同理绘制下嘴皮，填充浅红色（R:195/G:141/B:141），效果如图 7-213 所示，图层命名为"嘴巴"。

图 7-210　复制多个图层

图 7-211　对称变换图层

图 7-212　绘制上嘴皮

图 7-213　绘制下嘴皮

（22）新建图层，置于"头发"图层下方，选择钢笔工具，绘制耳朵，并复制出另外一只耳朵。合并图层，命名为"耳朵"，如图 7-214 所示。将除"背景"图层以外的所有图层编组，并为图层组命名为"头"，如图 7-215 所示。

图 7-214　绘制耳朵

图 7-215　将除"背景"图层外图层编组

（23）新建图层，置于图层组"头"的下方。选择钢笔工具，绘制娃娃颈项，如图 7-216 所示。激活路径为选区，用吸管工具吸取和脸部皮肤相同的颜色进行填充，并选择加深工具来加深脸下方颈项，如图 7-217 所示，将图层命名为"颈项"。

（24）新建图层，置于图层"颈项"的上方。选择钢笔工具来绘制衣服路径，如图 7-218 所示。激活路径为选区，填充为黑色，如图 7-219 所示。将图层命名为"衣服"，继续使用钢笔在衣服图层绘制装饰并填色，如图 7-220 所示。

（25）新建图层，绘制左边手臂，填充和皮肤一样的颜色。水平复制出右边手臂。合并两个图层，命名为"手臂"，如图 7-221 和图 7-222 所示。

图 7-216　绘制身体路径　　　　　　　　图 7-217　填色一

图 7-218　绘制衣服路径　　　　　图 7-219　填色二　　　　　图 7-220　装饰衣服

图 7-221　绘制左手　　　　　　　　图 7-222　复制出右手

（26）新建图层，绘制左边手套，填充渐变颜色。复制出右边手套，调整位置。合并图层，命名为"手套"，如图 7-223 和图 7-224 所示。

图 7-223　绘制左手套 　　　　　　　　　　　　　　图 7-224　复制出右手套

（27）新建图层，使用钢笔工具在娃娃颈部绘制一条路径，如图 7-225 所示，命名为"项链"。设置前景色为黑色，设置画笔工具为 19 像素的尖角笔刷，设置【画笔】面板中的参数，如图 7-226 所示。在【路径】面板中，单击鼠标右键并进行路径描边，选中【模拟压力】复选框，如图 7-227 所示。

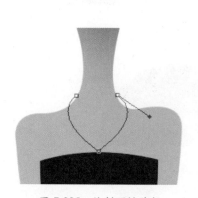

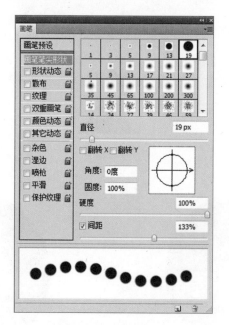

图 7-225　绘制项链路径 　　　　图 7-226　设置画笔 　　　　图 7-227　为"项链"描边路径

（28）新建图层组来归纳图层，将图层组命名为"身体"，如图 7-228 和图 7-229 所示。

（29）新建"图层 1"，置于图层组"头"的上方，绘制如图 7-230 所示的形状，填充渐变色，效果如图 7-231 所示，并且在【路径】面板中保留该路径。

（30）新建"图层 2"，设置前景色为白色，设置画笔工具为 19 像素的尖角笔刷，设置【画笔】面板参数，如图 7-232 和图 7-233 所示。在【路径】面板中，选择路径，单击鼠标右键并进行子路径描边，选中【模拟压力】选项，如图 7-234 所示。

图 7-228 修改"项链"后的效果

图 7-229 图层编组为"身体"

图 7-230 绘制头饰

图 7-231 填充渐变色后的【图层】面板

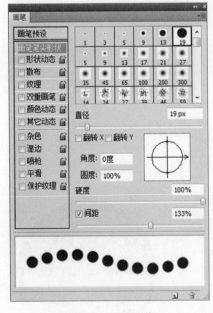

图 7-232 设置画笔一

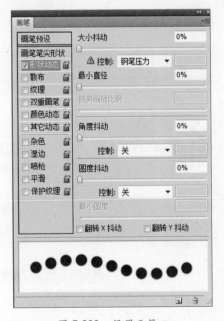

图 7-233 设置画笔二

图 7-234 在头发上描边路径

（31）复制"图层 1"，得到"图层 1 副本"，选择下方的图层，选择【编辑】/【变换】/【透视】命令，如图 7-235 所示。并使用之前相同的方法进行描边，如图 7-236 所示。

（32）同理绘制出第 3 层，如图 7-237 所示。选择【图像】/【调整】/【曲线】命令或按下 Ctrl+M 快捷键,加深下方图层颜色,如图 7-238 所示。按 Ctrl+E 快捷键,合并"图层 1"至"图层 4"所有图层,命名为"头饰 1",如图 7-239 所示。

图 7-235 复制"图层 1"并进行透视变换

图 7-236 对选区进行描边路径

图 7-237 绘制第 3 层

图 7-238 曲线

图 7-239 "头饰"图层

(33)新建"图层 1",绘制如图 7-240 所示路径。激活路径为选区,填充径向渐变,如图 7-241 和图 7-242 所示。

图 7-240 绘制装饰

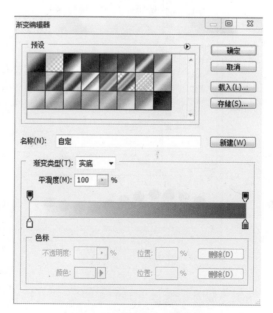

图 7-241 对"图层 1"设置渐变

图 7-242 对"图层 1"填充渐变

（34）复制"图层1"，选择下方的图层并按Ctrl+T快捷键，按住Shift和Alt键，沿中心等比例放大图形，如图7-243所示。继续选择下方图层，使用加深工具加深边缘，如图7-244所示。合并"图层1"与"图层1副本"，命名为"花瓣"。

图7-243　复制"图层1"

图7-244　加深局部

（35）重复复制"花瓣"图层，并将部分花瓣缩小，如图7-245所示。选择椭圆选框工具，绘制一个圆作为花心，填充径向渐变，如图7-246所示。合并所有花瓣与花心图层，命名为"花"。

图7-245　复制"花瓣"图层

图7-246　合并图层并命名为"花"

（36）重复复制"花"图层，分别按Ctrl+T快捷键并通过旋转、缩小操作进行内容排列，如图7-247和图7-248所示。

图7-247　复制"花"图层

图7-248　继续复制图层

（37）新建图层，置于图层组"身体"的下方，选择钢笔工具并绘制头发，填充为黑色，命名为"头发"，效果如图7-249和图7-250所示。

（38）新建"图层1"，置于"头发"图层上方，选择钢笔工具，绘制如图7-251所示路径。激活路径并填充为白色，将图层【不透明度】选项值降低为20%，【填充】选项值降低为50%，如图7-252所示。

图 7-249　绘制头发

图 7-250　"头发"图层

图 7-251　绘制头纱

图 7-252　为"头纱"填充颜色

（39）重复复制该图层，分别按 Ctrl+T 快捷键，水平翻转与缩小图形，合并"图层 1"与"图层 1 副本"，命名为"头纱"，效果如图 7-253 和图 7-254 所示。

图 7-253　合并为"头纱"图层

图 7-254　头纱图层

（40）选择"背景"图层，填充灰色（R:77/G:77/B:77），如图 7-255 和图 7-256 所示。

图 7-255　填充背景

图 7-256　"背景"图层

（41）新建"图层 1"，置于"头纱"图层的上方，设置前景色为白色，设置画笔为 3 像素尖角笔触，在头纱上方进行绘制，如图 7-257 所示。复制"图层 1"，然后按键盘上的右方向键，水平移出一点距离。同理再次复制后，分别上下移动，效果如图 7-258 所示。

图 7-257　绘制装饰

图 7-258　复制图层

（42）按 Ctrl+E 快捷键，合并"图层 1"与"图层 1 副本"图层，命名为"花纹"。重复复制"花纹"图层，并分别按 Ctrl+T 快捷键缩小、翻转图形并降低各自的不透明度，效果如图 7-259 和图 7-260 所示。然后合并所有花纹图层。

（43）新建"图层 1"，置于"头饰 1"图层上方。选择钢笔工具，绘制如图 7-261 所示路径。激活路径为选区，填充为白色，效果如图 7-262 所示。

（44）按住 Ctrl 键激活"图层 1"，选择【选择】/【修改】/【收缩】命令，参数设置如图 7-263 所示。然后选择【选择】/【修改】/【羽化】命令，参数设置如图 7-264 所示。

（45）选择如图 7-265 所示选区。按住 Shift 键垂直下移，得到如图 7-266 所示的选区。然后按 Delete 键删除选区内容，如图 7-267 所示。将图层命名为"头纱 1"，重复复制"花纹"图层，并置于"头纱 1"图层上方，进行图形缩小、排列及合层操作，然后用橡皮工具擦去头纱外多余内容，如图 7-268 所示。

图 7-259　重复复制"花纹"的效果

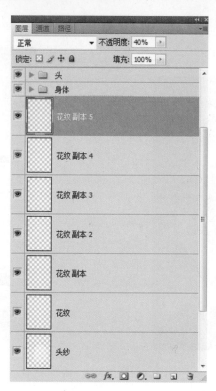

图 7-260　"花纹副本 5"图层

图 7-261　绘制头纱路径

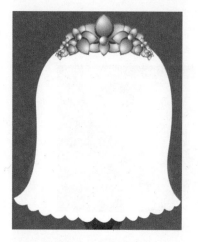

图 7-262　为选区填色

图 7-263　收缩选区

图 7-264　羽化选区

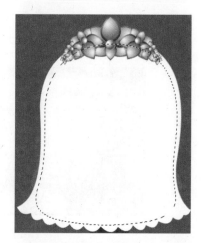

图 7-265　选区范围

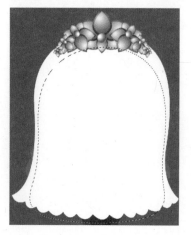

图 7-266　移动选区

图 7-267　删除多余内容

图 7-268　增加装饰

（46）复制"头纱1"图层,选择复制后的副本,选择【滤镜】/【模糊】/【高斯模糊】命令,参数设置如图7-269所示,效果如图7-270所示。

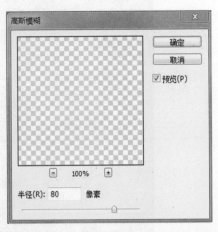

图7-269　复制"头纱1"图层并应用高斯模糊

图7-270　高斯模糊效果

（47）新建"图层1",置于"背景"图层上方,选择钢笔工具绘制如图7-271所示路径。将路径激活为选区,选择喷枪工具,设置前景色为黑色,降低【不透明度】和【流量】选项值为40%,再绘制背景,如图7-272所示。

（48）同理绘制出背景其他内容,如图7-273所示。

图7-271　绘制背景路径

图7-272　绘制背景颜色

图7-273　背景效果

（49）新建图层,置于顶层,填充红色（R:157/G:8/B:10）到蓝色（R:5/G:55/B:89）的径向渐变,如图7-274和图7-275所示。将图层模式改为"柔光",效果如图7-276所示。

（50）按住Shift键并选择所有图层,按Shift+Ctrl+Alt+E快捷键,合层所有图层并置于顶层,如图7-277所示。选择合成图,选择【图像】/【调整】/【色阶】命令,参数设置如图7-278所示,效果如图7-279所示。

（51）选择合成图,再选择【滤镜】/【杂色】/【添加杂色】命令,参数设置如图7-280所示,效果如图7-281所示。

（52）加入文字与边框,得到最终效果如图7-282所示。

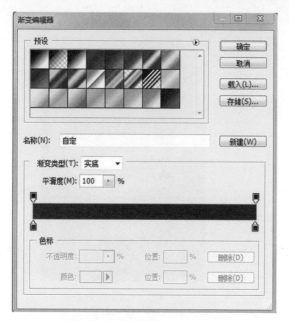

图 7-274　设置红色到蓝色的渐变

图 7-275　为顶层的图层填充渐变

图 7-276　改变图层模式

图 7-277　合并所选图层

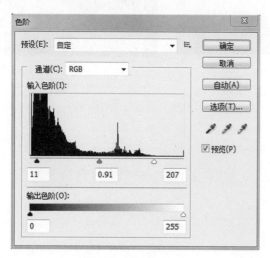

图 7-278　色阶调整

图 7-279　调整效果

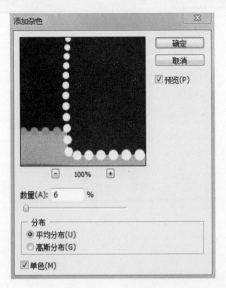

图 7-280　添加杂色

图 7-281　添加杂色后的效果

图 7-282　最终效果

第三篇　图像处理中的色彩——上色调色

第8章

图像色彩填充

学习目标

- 掌握 Photoshop CS4 中色彩渐变工具的使用方法
- 掌握 Photoshop CS4 中色彩填充工具的使用方法

8.1 渐变工具使用

在第 4 章中，为大家介绍了前景色和背景色概念，以及基础色彩填充方法，在这里再为大家介绍两种色彩填充的工具，即渐变工具和油漆桶工具。

8.1.1 认识渐变工具

渐变工具是用于填充几种渐变色组成的颜色，可根据需要进行各项参数的设置。在工具栏中选择该工具，则打开的选项栏显示如图 8-1 所示。

图 8-1 渐变工具选项栏

- 线性渐变■：从起点到终点做直线式渐变。
- 径向渐变■：从起点到终点做放射式渐变。
- 角度渐变■：从起点到终点做逆时针渐变。
- 对称渐变■：从起点到终点做对称式直线渐变。
- 菱形渐变■：从起点到终点做菱形图样渐变。
- 反向：选中该复选框，可改变渐变的颜色反向。
- 仿色：选中该复选框，则渐变的颜色过渡更平滑。
- 透明区域：选中该复选框，不透明的设定才会生效。

8.1.2 使用渐变工具

对图像进行渐变填色，需首先创建选区，然后在渐变工具选项栏中选择渐变颜色和渐变方式，并设置好其他参数后，在图像窗口中按住鼠标左键不放进行拖曳，完成渐变填色。鼠标拖曳的长度和方向直接决定了渐变色的最终效果，如图 8-2 所示。

图 8-2 选择不同渐变方式的效果对比

提示

打开图像后，需创建选区，渐变填色效果将只在选区中显示。如果不进行选区的创建，渐变填色将填充整个图像。

8.1.3 使用渐变编辑器

【渐变编辑器】对话框主要对渐变颜色进行编辑,在渐变工具选项栏中单击按钮 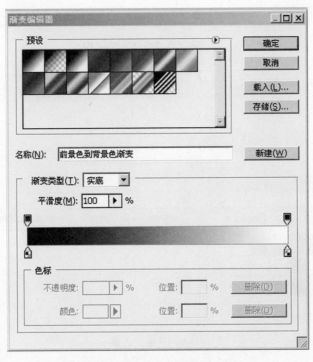,将弹出【渐变编辑器】对话框,如图 8-3 所示。

图 8-3 【渐变编辑器】对话框

1. 载入渐变颜色

在对话框中单击【预设】右侧的按钮 ⊙,在弹出的快捷菜单中选择所需渐变类型的名称,即可载入预设颜色。

2. 自定义渐变颜色

用户还可以自定义渐变颜色,方法为:在该对话框中渐变颜色条下面的空白位置处单击,即可添加一个色标,然后在色标栏中单击【颜色】按钮,弹出【设置色标颜色】对话框,在其中设置渐变颜色的各项参数即可,如图 8-4 所示。

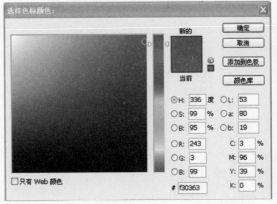

图 8-4 自定义渐变颜色的参数设置及效果

8.2 油漆桶工具使用

油漆桶工具可以根据图像的颜色容差填充颜色或图案。该工具用于填充十分方便。选择该工具,其选项栏显示如图 8-5 所示。

图 8-5 油漆桶工具选项栏

8.2.1 认识油漆桶工具

(1)填充内容

选择填充的内容,可选择前景色填充或图案填充。

(2)图案拾色器

可选择填充图案的样式,如图 8-6 所示。

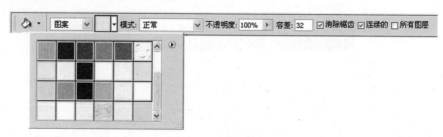

图 8-6 图案拾色器

(3)模式

用于设置填充区域的颜色混合模式,可根据需要在下拉列表框中选择。

(4)不透明度

用于设置所填充区域的透明度,数值越小,图像就越透明。

(5)容差

设置与单击处颜色相近的程度,容差越大,填充的范围越大。

(6)消除锯齿

选中该复选框,可以使填充区域的边缘更光滑。

8.2.2 使用油漆桶工具

打开图像并创建好选区,然后在工具箱中选择油漆桶工具,在选项栏中选择好需填充的内容,设置好其他相关参数,然后将指针指向需要填充的区域,单击即可完成填充。

8.3 习题

1. 填空题

(1)使用油漆桶工具可以选择_____和_____进行填充。

(2)渐变色填充提供 5 种样式用于选择,分别是线性渐变、_____、_____、_____和_____。

2. 选择题

（1）从起点到终点做放射式渐变的是（　　　）。

　　A. 线性渐变　　　　　B. 径向渐变　　　　　C. 角度渐变　　　　　D. 对称渐变

（2）从起点到终点做菱形图样渐变的是（　　　）。

　　A. 线性渐变　　　　　B. 径向渐变　　　　　C. 角度渐变　　　　　D. 菱形渐变

3. 思考题

（1）如何自定义两种以上的色彩渐变？

（2）图像色彩填充的快捷键是什么？

第9章

图像色彩调整

学习目标

- 熟悉 Photoshop CS4 中用于图像色彩调整的工具
- 掌握 Photoshop CS4 中色彩调整的主要使用方法

9.1 自动调整色彩

在 Photoshop CS4 中,提供了多种用于色彩调整的命令,下面首先介绍【自动色调】、【自动对比度】、【自动颜色】命令,这几个命令以默认设置对图像进行初步调整。

9.1.1 【自动色调】命令

选择【图像】/【自动色调】命令,会自动为图像重新分配色阶,并调整到最合适的色调上,以增强图像的对比度,如图 9-1 所示。

图 9-1　使用【自动色调】命令前后的效果对比

9.1.2 【自动对比度】命令

选择【图像】/【自动对比度】命令,会自动将图像最深的颜色加强为黑色,最亮的部分加强为白色,以增强画面的对比度,如图 9-2 所示。

图 9-2　使用【自动对比度】命令前后的效果对比

9.1.3 【自动颜色】命令

选择【图像】/【自动颜色】命令,会自动对图像的色相、饱和度等进行调整,当然也可能会使图像中的某些色彩数据丢失,如图 9-3 所示。

图 9-3　使用【自动颜色】命令前后的效果对比

9.2　色彩精确调整

在 Photoshop 中，提供了多种用于色彩调整的命令，下面分别进行介绍。

9.2.1　【亮度/对比度】命令

选择【图像】/【调整】/【亮度/对比度】命令，打开的对话
框如图 9-4 所示。

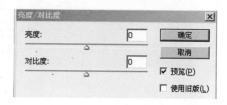

- 亮度：用于调整图像的亮度，滑块向左拖动时亮度减少，向
  右拖动时亮度增加。调整范围为 −100 ～ +100 之间。

图 9-4　【亮度/对比度】对话框

- 对比度：和亮度调整一样，通过拖动滑块增加或减少图像对
  比度。调整范围 −100 ～ +100 之间。

【亮度/对比度】是色彩调整命令中较常使用的命令之一，主要用做调节图像的亮度和对比度，可以
调整图像的曝光过度或曝光不足等情况，调整效果如图 9-5 所示。

图 9-5　使用【亮度/对比度】命令前后的效果对比

9.2.2 【色阶】命令

选择【图像】/【调整】/【色阶】命令（快捷键为 Ctrl+L），打开的对话框如图 9-6 所示。

在该对话框中，图像的亮度分为 0 ~ 255 阶，阶数值越大，亮度越大。【输入色阶】图框中，偏暗的亮度位于左边，偏亮的亮度位于右边。

在【通道】下拉列表框中，可以选择颜色通道。在某一颜色通道中进行亮度和对比度调整后，可使图像在单个颜色的亮度上产生变化。

使用【色阶】命令可对图像的明暗对比度进行比较细致的调节，可以增加或降低图像的明暗对比度，调整效果如图 9-7 所示。

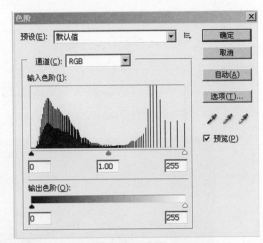

图 9-6 【色阶】对话框

图 9-7 使用【色阶】命令前后的效果对比

9.2.3 【曲线】命令

选择【图像】/【调整】/【曲线】命令（快捷键为 Ctrl+M），打开的对话框如图 9-8 所示。

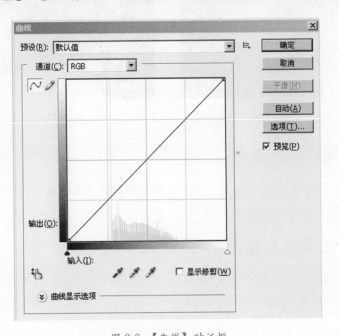

图 9-8 【曲线】对话框

【曲线】命令可对图像明暗对比度进行更为细致的调整，不仅能对暗调、中间调和高光进行调节，还可以对图像中任一灰阶值进行调节。

在默认情况下，纵坐标表示输出亮度值，横坐标表示输入值。曲线的上部顶端部分为高光部分，中间为中间调部分，底端为暗调部分。与【色阶】命令相似，当曲线向左拖动时，会增加亮部的对比度；向右拖动时，会增加暗部的对比度。不同的是，曲线可以增加新的控制点，这样对图像的调整就可以更细致。调整图像效果如图 9-9 所示。

图 9-9　使用【曲线】命令前后的效果对比

9.2.4　【曝光度】命令

【曝光度】命令是色彩调整命令中较常使用的命令之一，主要用做调节图像的亮度和对比度，可以调整图像的曝光过度或曝光不足等情况，调整效果如图 9-10 所示。

图 9-10　使用【曝光度】命令前后的效果对比

9.2.5　【自然饱和度】命令

【自然饱和度】命令调整图像饱和度以便在颜色接近最大饱和度时最大限度地减少修剪，该命令还可防止肤色过度饱和，调整效果如图 9-11 所示。

9.2.6　【色相/饱和度】命令

选择【图像】/【调整】/【色相/饱和度】命令（快捷键为 Ctrl+U），打开的对话框如图 9-12 所示。

【色相/饱和度】命令可以对整个图像中的单一通道或选区范围中的图像进行色相、饱和度和明度的调整。

图 9-11 使用【自然饱和度】命令前后的效果对比

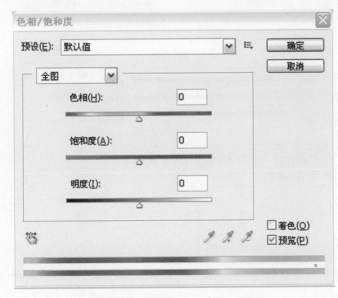

图 9-12 【色相 / 饱和度】对话框

- 色相：拖动色相滑块，可以更改所选颜色范围的色相。调节范围是 − 180 ~ +180。
- 饱和度：拖动饱和度滑块，向左是降低所选颜色的饱和度，向右是增强所选颜色的饱和度。调节
  范围是 − 100 ~ +100。
- 明度：向左拖动滑块，可以降低所选颜色范围的亮度；向右是提高亮度。调节范围是 − 100 ~
  +100。
- 预设：该下拉列表框中提供各种颜色选择，可以选择一种颜色进行单独调整。选中某一色彩时，
  意味着只针对图像中的这一部分色彩进行调整。
- 着色：选中该复选框，图像颜色会变为前景色的色相。

使用【色相 / 饱和度】命令的图像调整效果如图 9-13 所示。

9.2.7 【色彩平衡】命令

选择【图像】/【调整】/【色彩平衡】命令（快捷键为 Ctrl+B），打开的对话框如图 9-14 所示。

图 9-13　使用【色相/饱和度】命令前后的效果对比

图 9-14　【色彩平衡】对话框

【色彩平衡】命令通过改变图像中的颜色组成部分来改变整个图像的色彩,主要用于对图像产生色彩偏差时进行调节。

在【色彩平衡】对话框中,有"青色、红色","洋红、绿色","黄色、蓝色"3 组互补色可供选择,当增加一种颜色时,另外一种颜色也会随之减少,用于调节图像中的色差。

【色调平衡】对话框下面有【阴影】、【中间调】、【高光】3 个单选按钮,用户可以设定需要调节的某一个色阶的像素。

选中【保持亮度】复选框,可以防止在更改颜色时更改图像的亮度值。

使用【色彩平衡】命令的图像调整效果如图 9-15 所示。

图 9-15　使用【色彩平衡】命令前后的效果对比

9.2.8 【阴影/高光】命令

选择【图像】/【调整】/【阴影/高光】命令,打开的对话框如图9-16所示。

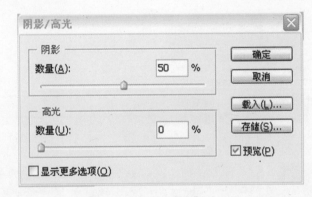

图9-16 【阴影/高光】对话框

【阴影/高光】命令针对图片中突出的曝光不足或曝光过度区域进行细节调整,可以校正照片过暗或过亮的局部,调整效果如图9-17所示。

图9-17 使用【阴影/高光】命令前后的效果对比

9.2.9 【变化】命令

选择【图像】/【调整】/【变化】命令,打开的对话框如图9-18所示。

【变化】命令可以直观地调整图像或选取范围的色彩平衡、对比度和饱和度,适用于需要平均调整色调的图像。

【变化】对话框上方有【阴影】、【中间色调】、【高光】、【饱和度】4个单选按钮供选择,前三项用于改变颜色的亮度效果,【饱和度】选项针对饱和度进行调整。

"精细、粗糙"下的滑块可以调整色调的强烈程度,"精细"一侧为逐渐细腻的图像变化,"粗糙"一侧的图像变化将较明显。

9.2.10 【匹配颜色】命令

选择【图像】/【调整】/【匹配颜色】命令,打开的对话框如图9-19所示。

【匹配颜色】命令可以在多个图像、图层或色彩选区之间进行颜色匹配。

● 明亮度:调整图像的亮度。

- 颜色强度：调整图像中色彩的饱和度。
- 渐隐：可以控制应用到图像的调整量。
- 中和：选中该复选框，可以自动消除目标图像中的色彩的偏差。

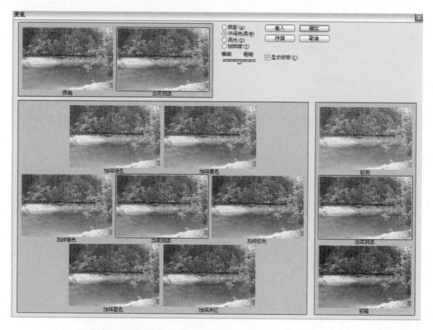

图 9-18 【变化】对话框

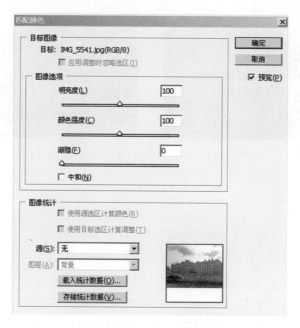

图 9-19 【匹配颜色】对话框

9.3　色彩特殊效果制作

9.3.1　【黑白】命令

选择【图像】/【调整】/【黑白】命令（快捷键为 Alt+Ctrl+Shift+B），打开的对话框如图 9-20 所示。【黑白】命令将图像中的各种颜色都以黑白色度进行调整。

选中【色调】复选框，可以为图像赋予一单色色调；拖动【色相】和【饱和度】下方滑块，可以进行色调和饱和度调整。

图像调整效果如图 9-21 所示。

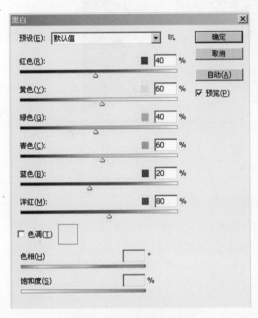

图 9-20 【黑白】对话框

图 9-21 使用【色调】命令前后的效果对比

9.3.2 【去色】命令

选择【图像】/【调整】/【去色】命令（快捷键为 Ctrl+Shift+U），可以去除图像中的色彩饱和度，将图像转换为灰度图像，但是不会改变图像的色彩模式。调整效果如图 9-22 所示。

图 9-22 使用【去色】命令前后的效果对比

9.3.3 【照片滤镜】命令

选择【图像】/【调整】/【照片滤镜】命令，打开的对话框如图 9-23 所示。

【照片滤镜】命令用于模仿在相机镜头前面加彩色滤镜，以调整通过镜头传输的光的色彩平衡和色温，使胶片曝光，还允许选择预设的颜色。

其调整效果如图 9-24 所示。

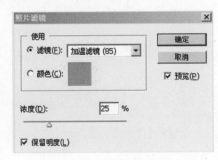

图 9-23 【照片滤镜】对话框

图 9-24　使用【照片滤镜】命令前后的效果对比

9.3.4　【通道混合器】命令

选择【图像】/【调整】/【通道混合器】命令,打开的对话框如图 9-25 所示。

【通道混合器】命令主要靠混合当前颜色通道来改变一个颜色通道的颜色。通道数量与图像的色彩模式有关。通过对单个颜色通道的调节,得到更多的图像颜色效果。对某一通道进行调整时,不影响其他颜色通道。

9.3.5　【反相】命令

选择【图像】/【调整】/【反相】命令(快捷键为 Ctrl+I),可以将图像中的颜色按其现有颜色的补色进行显示,产生类似照片底片的效果。黑白图片进行反相处理,将得到底片效果;彩色图片进行反相处理,将会使各颜色转换为补色。

其调整效果如图 9-26 所示。

图 9-25　【通道混合器】对话框

图 9-26　使用【反相】命令前后的效果对比

9.3.6　【色调分离】命令

选择【图像】/【调整】/【色调分离】命令,打开的对话框如图 9-27 所示。

图 9-27 【色调分离】对话框

【色调分离】命令可以为图像的每个颜色通道定制亮度级别,然后将其余色调的像素值定制为接近的匹配颜色。范围为 0 ~ 255。

【色阶】选项中输入不同的色阶值,可以得到不同的效果。数值越小,图像色彩变化越强烈;数值越大,变化越细微。调整效果如图 9-28 所示。

图 9-28 使用【色调分离】命令前后的效果对比

9.3.7 【阈值】命令

选择【图像】/【调整】/【阈值】命令,打开的对话框如图 9-29 所示。

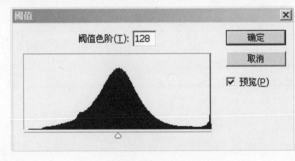

图 9-29 【阈值】对话框

【阈值】命令可以将一张灰度图像或彩色图像转变为高对比度的黑白图像。可以指定亮度值作为阈值,图像中所有亮度值比阈值小的像素都将变为黑色,所有亮度值比阈值大的像素都将变成白色。数值范围为 1 ~ 255,当为 1 时,为全白;当为 255 时,为全黑。可通过调节数值来确定去掉多少中间色。

调整图像效果如图 9-30 所示。

图 9-30　使用【阈值】命令前后的效果对比

9.3.8　【渐变映射】命令

选择【图像】/【调整】/【渐变映射】命令,打开的【渐变编辑器】对话框如图 9-31 所示。

图 9-31　【渐变编辑器】对话框

　　【渐变映射】命令可以将一幅图像的最暗色调映射为一组渐变色的最暗色调,将图像最亮色调映射为一组渐变色的最亮色调,从而将图像的色阶映射为这组渐变色的色阶。可以利用该命令将黑白照片调整为彩色怀旧的照片。

其调整图像效果如图 9-32 所示。

9.3.9　【可选颜色】命令

选择菜单栏【图像】/【调整】/【可选颜色】命令,打开的对话框如图 9-33 所示。

【可选颜色】命令可以调整颜色的平衡,可以对不同色彩模式的图像进行分通道调整颜色。

图 9-32 使用【渐变映射】命令前后的效果对比

图 9-33 【可选颜色】对话框

通过拖动【青色】、【洋红】、【黄色】、【黑色】下的滑块,可以针对选定的颜色调整 CMYK 值来修正各原色的数量和色偏,范围均为 − 100% ~ 100%。

【相对】选项是以原来的 CMYK 值总数量的百分比来计算调整颜色,【绝对】选项是以绝对值的形式调整颜色。

其调整效果如图 9-34 所示。

图 9-34 使用【可选颜色】命令前后的效果对比

9.3.10 【替换颜色】命令

选择【图像】/【调整】/【替换颜色】命令,打开的对话框如图 9-35 所示。

【替换颜色】命令可以将所选颜色替换为其他颜色,并可以设置替换颜色区域中所选颜色的饱和度和亮度。

● 颜色容差:容差数值越大,所取样的颜色范围越大,调整图像颜色的效果越明显。

● 选区:选中该单选按钮,可以创建蒙版和拖动滑块来调整蒙版内图像的色相、饱和度和明度。

其调整效果如图 9-36 所示。

图 9-35 【替换颜色】对话框　　　　　　图 9-36 使用【替换颜色】命令前后的效果对比

9.3.11 【色调均化】命令

选择【图像】/【调整】/【色调均化】命令,可以使图像中的亮度值均匀分布,并重新分配图像像素的亮度值,使图像的明度感更加平衡。使用该命令时,会自动将图像中最亮的像素填充为白色,将最暗的部分填充为黑色,然后进行亮度值的均化,其他像素均匀地分布到所有色阶上。

其调整效果如图 9-37 所示。

图 9-37 使用【色调均化】命令前后的效果对比

9.4 习题

1. 填空题

(1) _____工具主要用做调节图像的亮度和对比度,也可以调整图像的曝光过度或曝光不足。

(2) _____命令可以对整个图像、单一通道或选区范围中的图像进行色相、饱和度和明度的调整。

2. 选择题

(1) 以下工具中,不能用于调节色彩的命令是 ( )。

A. 变化　　　　　B. 色相 / 饱和度　　　　　C. 阈值　　　　D. 色彩平衡

(2) 可以自动将图像最深的颜色加强为黑色,最亮的部分加强为白色,以增强画面的对比度的命令是 ( )。

A. 自动对比度　　　B. 阴影 / 高光　　　　　C. 去色　　　　D. 黑白

3. 思考题

(1) 为一张黑白图片添加色彩效果,可以使用哪些色彩调整工具?

(2) 哪些命令可以用于调整图像亮度?

第10章

"上色调色" 篇案例演示

学习目标

- 学习 Photoshop CS4 调色的基本工具与命令
- 学习 Photoshop CS4 上色的基本工具与命令
- 练习 Photoshop CS4 调色、上色的基本案例

10.1　阿宝色

（1）选择【文件】/【打开】命令（快捷键为 Ctrl +O），打开人物素材图片，如图 10-1 所示。

（2）选择【裁切工具】按钮 ，对画面进行裁切，效果如图 10-2 所示。

图 10-1　素材图片

图 10-2　裁切图片

（3）选择"背景"图层，按 Ctrl+J 快捷键进行复制，得到复制后的"图层 1"。选择【图像】/【调整】/【色阶】命令（快捷键为 Ctrl+L），参数设置如图 10-3 所示，效果如图 10-4 所示。

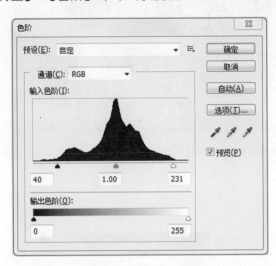

图 10-3　【色阶】对话框

图 10-4　应用色阶效果

（4）复制"图层 1"，得到"图层 1 副本"。选择【图像】/【调整】/【去色】命令（快捷键为 Ctrl+Shift+U），效果如图 10-5 和图 10-6 所示。

（5）选择"图层 1 副本"，按 Ctrl+L 快捷键，参数设置如图 10-7 所示。返回【图层】面板，将图层叠加模式改为"线性光"，【不透明度】选项值降低为 70%，【填充】选项值降低为 30%，效果如图 10-8 所示。

（6）新建"图层 2"，填充颜色为深褐色（R:89/G:79/B:0）。将图层模式改为"强光"，【不透明度】降低为 70%，【填充】选项值降低为 80%，效果如图 10-9 和图 10-10 所示。

（7）按住 Shift 键选择所有图层，按 Ctrl+Shift+Alt+E 快捷键，得到合并所有图层后的"图层 3"。复制"图层 3"，得到"图层 3 副本"，选择【滤镜】/【模糊】/【高斯模糊】命令，参数设置如图 10-11 所示，应用效果如图 10-12 所示。

图 10-5　去色

图 10-6　去色后的【图层】面板

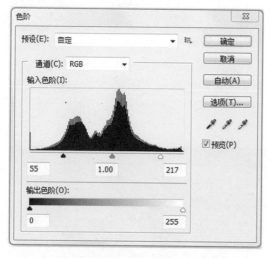

图 10-7　"图层 1 副本"进行色阶调整

图 10-8　调整色阶及图层参数效果

图 10-9　新建填充图层

图 10-10　选中"图层 2"时的【图层】面板

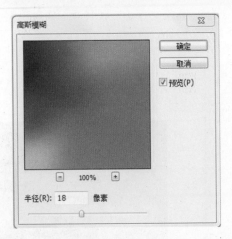

图 10-11 对"图层 3 副本"应用高斯模糊

图 10-12 "图层 3 副本"的模糊效果

(8) 选择"图层 3 副本",再选择【图像】/【调整】/【色相/饱和度】命令（快捷键为 Ctrl+U），参数设置如图 10-13 所示，效果如图 10-14 所示。

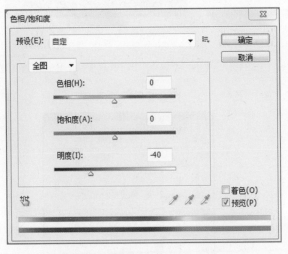

图 10-13 【色相/饱和度】对话框

图 10-14 调整后效果

(9) 在"图层 3 副本"中增加一个蒙版，在蒙版内用矩形选框工具创建选区并分别填充浅灰色、深灰色和黑色，如图 10-15 所示，效果如图 10-16 所示。

图 10-15 新增蒙版填色

图 10-16 图像蒙版填色效果

（10）选择文字输入工具 **T.**，设置颜色为 R:214/G:203/B:119，输入文字 BEACH 后，双击该图层，在弹出的【图层样式】对话框中设置颜色渐变，参数设置如图 10-17 所示，效果如图 10-18 所示。

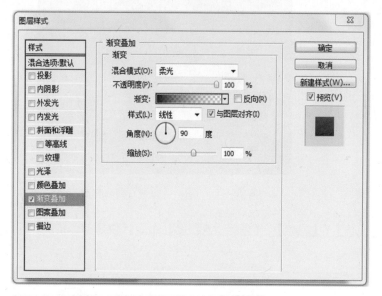

图 10-17 【图层样式】对话框

图 10-18 应用样式效果

（11）继续输入文字 Summer，设置颜色为 R:158/G:142/B:52，并反复复制，改变其透明度，放置在如图 10-19 所示位置，【图层】面板如图 10-20 所示。

图 10-19 输入文字

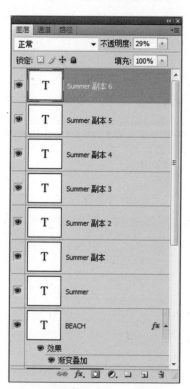

图 10-20 创建文字的【图层】面板

（12）新建"图层 4"，填充透明到黑色的径向渐变，效果如图 10-21 和图 10-22 所示。

（13）在【图层】面板最上方调整图层，参数设置如图 10-23 和图 10-24 所示，最终效果如图 10-25 所示。

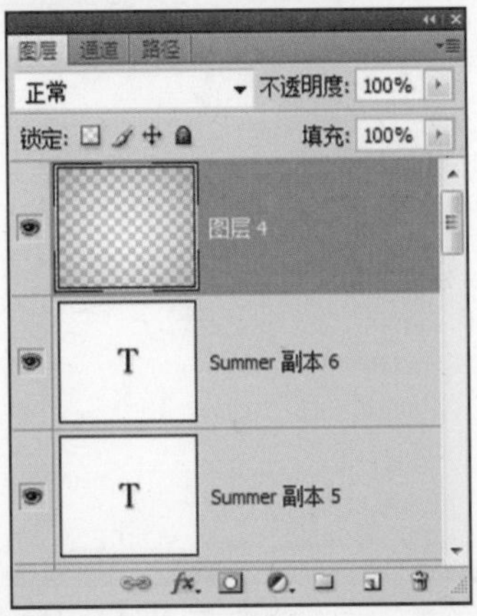

图 10-21 选中"图层4"时的【图层】面板

图 10-22 增加渐变图层效果

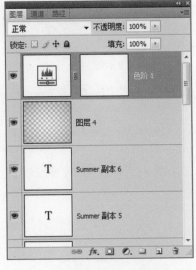

图 10-23 增加色阶调整图层

图 10-24 参数设置

图 10-25 最终效果

10.2　LOMO风格

（1）选择【文件】/【打开】命令（快捷键为 Ctrl+O），打开风景素材图片，如图 10-26 所示。按 Ctrl+J 快捷键进行复制，得到复制后的"图层 1"，效果如图 10-27 所示。

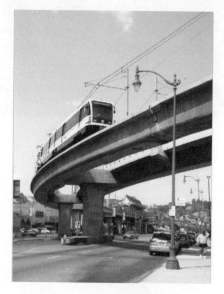

图 10-26　素材图片

图 10-27　复制后的"图层 1"

（2）选择"图层 1"，选择【图像】/【调整】/【色相 / 饱和度】命令，降低图像饱和度，参数设置如图 10-28 所示，效果如图 10-29 所示。

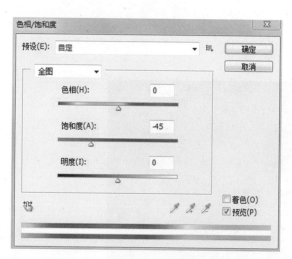

图 10-28　【色相 / 饱和度】对话框一

图 10-29　调整"图层 1"后效果

（3）选择【图像】/【调整】/【色阶】命令，增强图像对比度，参数设置如图 10-30 所示，效果如图 10-31 所示。

（4）选择【图像】/【调整】/【色彩平衡】命令，调整图像暗部与亮部的色调，参数设置如图 10-32 ～图 10-34 所示，效果如图 10-35 所示。

图 10-30　色阶调整

图 10-31　色阶效果

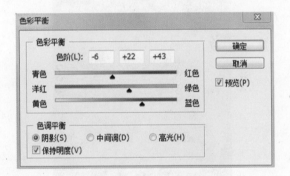

图 10-32　调整色彩平衡一

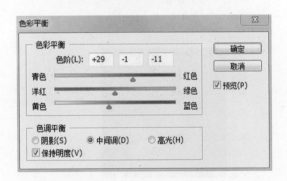

图 10-33　调整色彩平衡二

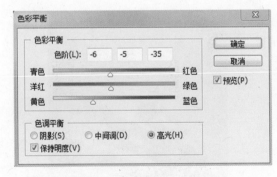

图 10-34　调整色彩平衡三

图 10-35　调整色彩平衡后效果

　　(5) 选择"图层 1",按 Ctrl+J 快捷键进行复制,得到复制后的"图层 1 副本"。选择"图层 1 副本",再选择【图像】/【调整】/【色相/饱和度】命令,参数设置如图 10-36 所示,效果如图 10-37 所示。

　　(6) 选择"图层 1 副本",再选择【滤镜】/【模糊】/【高斯模糊】命令,参数设置如图 10-38 所示,效果如图 10-39 所示。

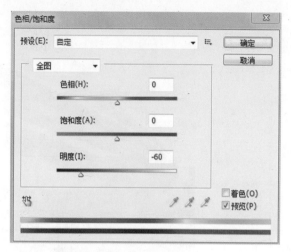

图 10-36 【色相/饱和度】对话框二

图 10-37 调整【色相/饱和度】后效果

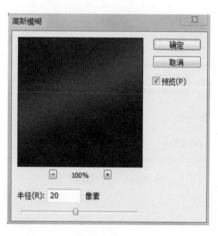

图 10-38 高斯模糊

图 10-39 高斯模糊效果

（7）为"图层 1 副本"增加一个蒙版，选择黑色到白色渐变，在蒙版内执行由内向外的径向渐变，如图 10-40 所示，效果如图 10-41 所示。

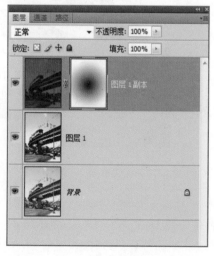

图 10-40 新增蒙版

图 10-41 蒙版效果

（8）新建"图层 2"，填充灰蓝色（R:134/G:155/B:160），将图层叠加模式改为"正片叠底"，【不透明度】选项值降低为 30%，如图 10-42 所示，最终效果如图 10-43 所示。

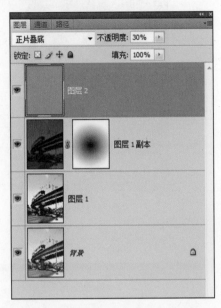

图 10-42　选中"图层 2"时的【图层】面板

图 10-43　最终效果

10.3　黑白变彩色

（1）选择【文件】/【打开】命令（快捷键为 Ctrl+O），打开人物素材图片，如图 10-44 所示。按 Ctrl+J 快捷键复制"背景"图层，得到复制后的"图层 1"。效果如图 10-45 所示。

图 10-44　人物素材图片

图 10-45　复制图层

（2）选择"图层 1"，再选择【图像】/【调整】/【色相 / 饱和度】命令，打开【色相 / 饱和度】对话框，选中【着色】复选框，参数设置如图 10-46 所示，皮肤上色效果如图 10-47 所示。

（3）设置前景色为黑色，背景色为白色，为"图层 1"增加图层蒙版，用画笔工具把皮肤以外的部分涂抹掉，根据画面需要调整画笔【直径】和【压力】参数。效果如图 10-48 和图 10-49 所示。

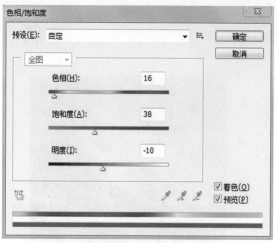

图 10-46 【色相／饱和度】对话框一

图 10-47 皮肤上色

图 10-48 增加蒙版

图 10-49 为"图层 1"增加蒙版后的
【图层】面板

(4) 按下 Ctrl+J 快捷键复制"图层 1",得到"图层 1 副本"。选择【图像】/【调整】/【色相／饱和度】命令,参数设置如图 10-50 所示。在蒙版内用画笔工具遮住嘴巴以外的部分,得到嘴唇上色效果如图 10-51 所示。

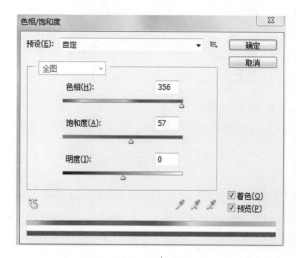

图 10-50 【色相／饱和度】对话框二

图 10-51 嘴唇上色效果

（5）按 Ctrl+J 快捷键复制"图层 1"，得到"图层 1 副本 2"。选择【图像】/【调整】/【色相 / 饱和度】命令，参数设置如图 10-52 所示。在蒙版内用画笔工具遮住眼睛以外的部分，得到眼睛上色效果如图 10-53 所示。

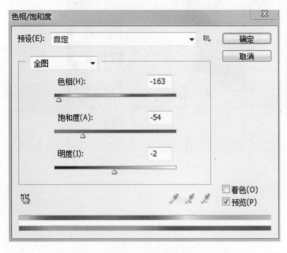

图 10-52 【色相 / 饱和度】对话框三

图 10-53 眼睛上色效果

（6）按 Ctrl+J 快捷键复制"背景"图层，得到"背景副本"。选择【图像】/【调整】/【色相 / 饱和度】命令，选中【着色】复选框，参数设置如图 10-54 所示。在蒙版内用画笔工具遮住头发以外的部分，得到头发上色效果如图 10-55 所示。

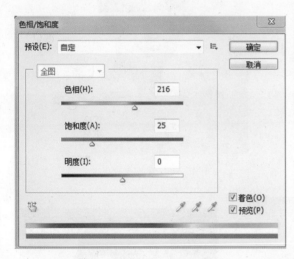

图 10-54 【色相 / 饱和度】对话框四

图 10-55 头发上色效果

（7）按 Ctrl+J 快捷键复制"背景"图层，得到"背景副本 2"。选择【图像】/【调整】/【色相 / 饱和度】命令，选中【着色】复选框，参数设置如图 10-56 所示。在蒙版内用画笔工具遮住衣服以外的部分，得到衣服上色效果如图 10-57 所示。

（8）选择"背景"图层，再选择【图像】/【调整】/【变化】命令，为图像增加一个你喜欢的背景颜色，如图 10-58 所示，得到背景上色效果如图 10-59 所示。

（9）最后进行整体协调。在图层顶层增加色彩平衡的调整图层，色彩平衡参数设置如图 10-60 所示，效果如图 10-61 和图 10-62 所示。

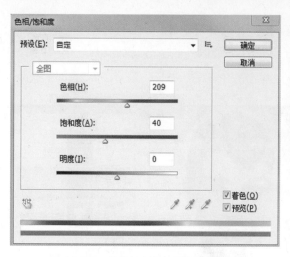

图 10-56　【色相 / 饱和度】对话框五

图 10-57　衣服上色效果

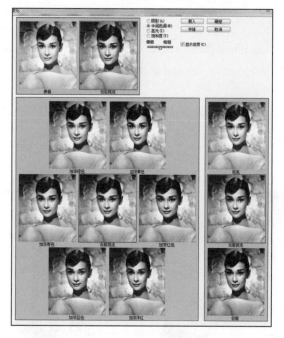

图 10-58　增加背景颜色

图 10-59　背景上色效果

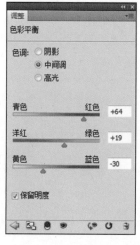

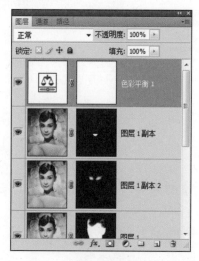

图 10-60　色彩平衡参数的设置　　图 10-61　调整图层后的【图层】面板　　　　　图 10-62　最终效果

10.4 人物调色

（1）选择【文件】/【打开】命令（快捷键为 Ctrl+O），打开人物素材图片，如图 10-63 所示。按 Ctrl+J 快捷键复制"背景"图层，得到复制后的"背景副本"图层，效果如图 10-64 所示。

图 10-63　人物素材图片

图 10-64　复制图层

（2）选择"背景副本"图层，再选择【图像】/【调整】/【阴影/高光】命令，参数设置如图 10-65 所示，效果如图 10-66 所示。

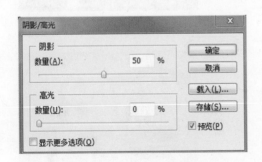

图 10-65　阴影、高光参数的设置

图 10-66　调整阴影、高光参数后效果

（3）选择【图像】/【调整】/【色阶】命令，参数设置如图 10-67 所示，效果如图 10-68 所示。

（4）选择【图像】/【调整】/【曲线】命令，参数设置如图 10-69 所示，效果如图 10-70 所示。

（5）选择【图像】/【调整】/【色相/饱和度】命令，参数设置如图 10-71 所示，效果如图 10-72 所示。

（6）按 Ctrl+J 快捷键复制"图层 1"，得到"图层 1 副本"。选择【图像】/【调整】/【色彩平衡】命令，参数设置如图 10-73 和图 10-74 所示。

02
03
04
05
06
07
08
09

第10章 『上色调色』篇案例演示

11
12
13
14
15
16
17

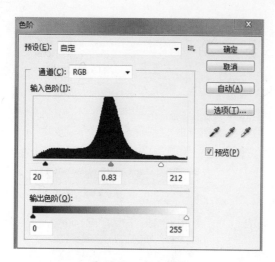

图 10-67　色阶调整

图 10-68　调整色阶后效果

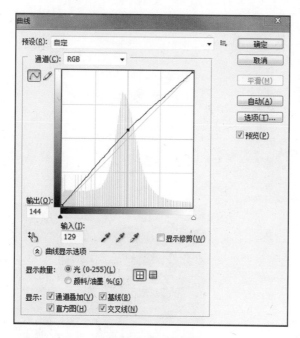

图 10-69　曲线调整

图 10-70　调整曲线后效果

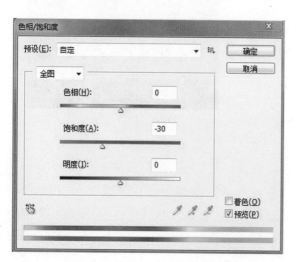

图 10-71　色相／饱和度的调整

图 10-72　调整色相／饱和度后效果

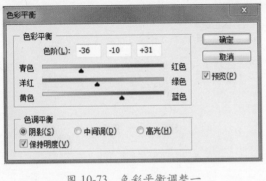

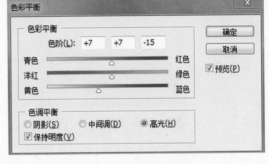

图 10-73　色彩平衡调整一　　　　　图 10-74　色彩平衡调整二

（7）继续选择【图像】/【调整】/【曲线】命令，参数设置如图 10-75 所示，效果如图 10-76 所示。

（8）设置前景色为黑色，为"图层 1 副本"增加蒙版，用画笔绘制出人像区域，如图 10-77 所示，最终效果如图 10-78 所示。

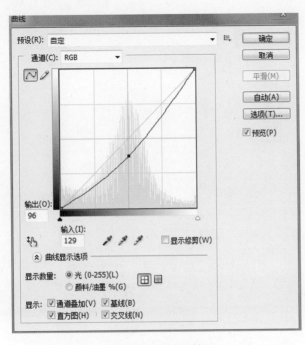

图 10-75　曲线调整

图 10-76　再次调整曲线后效果

图 10-77　增加蒙版

图 10-78　最终效果

159

第四篇　图像处理中的图层运用——图像合成

第11章

图层的操作

学习目标

- 熟悉 Photoshop CS4 图层面板
- 掌握 Photoshop CS4 图层基本工具的使用方法

11.1 图层的概念

11.1.1 认识图层

在 Photoshop CS4 中,图层是一个基本的概念,也是最重要的概念之一,正确理解和运用图层,是进行图像处理的基本要求。

我们可以这样理解:在 Photoshop CS4 中进行图像处理,就像是在玻璃上面绘制图形,有图像出现的部分,我们可以进行绘制和修改;而没有图像出现的部分则是透明的。我们可以同时在几张甚至十几张玻璃上进行图像绘制,最后将这些玻璃重叠起来,形成一幅层次多样,内容丰富的画面。我们可以根据需要在不同的玻璃上面进行修改和涂抹,而不会影响到其他玻璃上的图像。也可以改变玻璃层叠的顺序,还可以随时在每块玻璃上添加效果和装饰,甚至可以随时去掉或增加玻璃数量,以去除某些图像或增加某些效果。这些玻璃其实就是我们在 Photoshop CS4 中提到的图层的概念。

在 Photoshop CS4 中,最终的图像往往是由很多图层合成而成,每个不同的图像存在于不同的图层中,最后形成丰富的画面效果。每个图层都是相对独立的,也可单独移动,有上下层之分。我们在处理某一部分图像时,位于其他图层的图像不会受到影响,如图 11-1 所示。

11.1.2 图层的类型

1. 普通图层

普通图层是使用最多、应用最广泛的图层。Photoshop CS4 中几乎所有功能都能在普通图层得到应用,如图 11-2 所示。

图 11-1　图像中的多个图层

图 11-2　普通图层

2. 背景图层

背景图层用于图像的背景,是一种不透明的图层,如图 11-3 所示。可以进行绘制、编辑或使用滤镜等操作,但不能使用混合模式,也不能改变位置和叠放顺序。背景图层和普通图层之间可以进行相互转换。

3. 文本图层

文本图层是一个比较特殊的图层,如图 11-4 所示。在使用文字工具输入文字时,系统将自动创建一个文本图层,图层名称显示为输入文字的内容,在缩览图中有一个 T 符号。文本图层中含有图层的文字内容和文字格式信息。很多绘图和编辑工具都不能使用,如果需要使用,必须将其栅格化,转换为普通图层后才能进行编辑。

4. 形状图层

形状图层是使用工具箱中的形状工具后系统自动建立的图层,如图 11-5 所示。形状图层可以进行反复修改和编辑。形状图层是矢量图层,不能直接执行色彩调整等操作,同样也需要栅格化并转换为普通图层后才能进行编辑。

图 11-3 背景图层

图 11-4 文本图层

图 11-5 形状图层

5. 填充图层

填充图层的填充内容可以为实色、渐变色和图案,并自动添加到图层蒙版以控制填充图层的显示和隐藏。

6. 调整图层

调整图层是一种比较特殊的图层,用于改变其下方所有图层的色相 / 饱和度和对比度等,不会改变图层的像素,可以随时对调整图层进行修改。

11.2 认识图层面板和图层菜单

在 Photoshop CS4 中,图层的操作主要是在【图层】面板和图层菜单中进行,【图层】面板用于对图层进行管理和快速执行相关操作;图层菜单包含了所有与图层操作相关的命令,是对【图层】面板未包含操作的补充。

11.2.1 图层面板

选择【窗口】/【图层】命令,打开【图层】面板,如图 11-6 所示。【图层】面板中各选项作用介绍如下。

- 混合模式:【图层】面板左上角的下拉列表框中可以选择一种混合模式,该选项用于设置图层与图层之间的叠加方式及效果。
- 不透明度:用于设置图层的不透明度效果。
- 锁定图层:对应有四个图标，单击相关图标,可对图层中的不同对象进行锁定。
- 填充:用于设置所选择图层填充颜料的多少。
- 眼睛图标:单击图层前面的眼睛图标，可以将图层隐藏或显示。
- 图层蒙版:单击该图标，可以制作图层与图层之间的特殊效果。

图 11-6 【图层】面板

- 图层名称:用户可根据图层中所包含的内容对图层进行命名,便于编辑和选择。
- 快捷图标:图层操作的常用快捷按钮,主要包括链接图层、图层样式、删除图层、新建图层等按钮。

11.2.2 图层菜单

【图层】菜单包含了用于管理、编辑图层的主要菜单命令,单击【图层】菜单栏,可弹出相关的操作命令。

11.2.3　图层的基本操作

1. 新建图层

单击【图层】面板底部的创建新图层按钮■，可以在选择图层的上方创建一个新的图层。按住 Ctrl 键，再单击创建新图层按钮，就可以在当前层的下面创建一个新图层。

在菜单栏中选择【图层】/【新建】命令，弹出如图 11-7 所示对话框，也可以创建新图层。

- 名称：可在此文本框中修改图层的名称。
- 颜色：确定图层在【图层】面板中显示的颜色，对图层效果本身无任何影响。
- 模式：使本图层与下一图层在颜色上产生各种混合模式效果。
- 不透明度：用于设置该图层内容的不透明度。

2. 将背景图层转换为普通图层

在 Photoshop CS4 中，默认的背景图层是处于锁定状态（■）的，无法进行相关编辑操作。将背景图层转换为普通图层后，就可以对该图层进行编辑操作，方法为：选中【图层】面板中的背景图层，用鼠标双击，打开【新建图层】对话框，然后单击【确定】按钮即可，如图 11-8 所示。

图 11-7　【新建图层】对话框

图 11-8　将背景图层转换为普通图层

3. 图层命名

单击【图层】面板中的【新建】按钮■，新建图层会默认命名为"图层 1"、"图层 2"……，以此类推。当一个图像中图层太多时，我们需要对图层进行重新命名，以方便管理和编辑。操作方法如下：选择所要重命名的图层，双击图层文本框，输入相应的图层名称，设置完成后，【图层】面板中将会显示新设置的图层名称。

也可以执行菜单栏【图层】/【图层属性】命令；或单击【图层】面板右上角的按钮■，在弹出的快捷菜单中选择【图层属性】命令，打开【图层属性】对话框，即可对图层进行命名。

4. 创建图层组

一个图层组可以包含多个图层。为了方便管理，我们可以将同一类型的图层放置在同一图层组中，避免杂乱，相当于文件夹的作用。

创建图层组的方法与创建新图层的方法基本相同，可以通过菜单中的【图层】/【新建】/【组】/【新建组】命令，或者单击【图层】面板底部创建新组按钮■来创建。

5. 图层组命名

双击需要命名的图层组，在文本框中输入需要命名的新名称，按 Enter 键确认，如图 11-9 所示。

图 11-9　图层组的命名

6. 将图层移动到图层组中

创建好新的图层组后，需要将相应的图层移动到各图层组中。方法是：选择目标图层，用鼠标将其拖放到图层组图标上，即可将该图层放到该图层组中。移动至图层组后，可以通过单击图层组图标前的按钮■，选择折叠或展开图层组中的相关图层。如需将某一图层移出图层组，用鼠标将其拖出图层组即可。

7. 删除图层及图层组

● 删除图层：按住鼠标左键,将要删除的图层拖动到【图层】面板右下方的【删除图层】按钮⬛上,即可删除。

● 只删除图层组：选择需要删除的图层组,选择【图层】/【删除】/【组】命令,在弹出的对话框中单击并选择【仅组】选项。

● 图层组和图层一起删除：直接将所需要删除的图层组拖动到【图层】面板底部的【删除图层】按钮⬛上即可,就可以将图层组和该图层组中的图层一起删除。

8. 选择图层

● 选择单个图层：选择需要操作的图层,用鼠标左键在【图层】面板中单击,当图层以蓝色栏显示时,即成为当前选择图层。

可以在图像窗口中,将鼠标移至需要编辑图像上,右击,在弹出的快捷菜单中选择图层的名称,这时在【图层】面板中有相应的图层会以蓝色栏显示,即可对该层进行编辑操作。

● 选择多个图层：如果要选择不连续的多个图层,按住 Ctrl 键,在【图层】面板中单击选择相关图层；如果要选择连续的多个图层,按住 Shift 键,在【图层】面板中单击选择相关图层即可。

9. 复制图层

选择需要复制的图层,用鼠标将其拖动到【图层】面板底部的创建新图层按钮⬛上,可完成图层复制。对图层进行复制后,该图层中的图像也将一并复制,如图 11-10 所示。

图 11-10　复制图层

10. 隐藏图层与显示图层

在对图像进行编辑的过程中,为方便查看编辑效果,需要对某些图层进行隐藏或显示操作。方法是：单击【图层】面板中图层前的眼睛图标👁。关闭该图标,图层将暂时被隐藏,如图 11-11 所示；显

 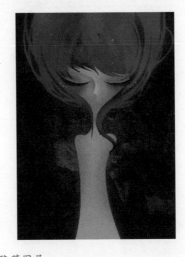

图 11-11　隐藏图层

示该图标,图层则显示。

11. 调整图层顺序

图像内容的叠放顺序,是由【图层】面板中各图层的上下排列顺序决定的。要调整图层顺序,如图 11-12 所示,可以用鼠标直接选择【图层】面板中各图层进行拖动调节;也可以通过【图层】/【排列】命令和快捷菜单中的命令进行操作,提供了【前移一层】、【后移一层】、【置为顶层】、【置为底层】、【反向】等命令以供选择。

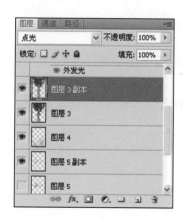

图 11-12　调整图层顺序

12. 链接图层

链接图层是将两个或多个图层设置为一个整体。链接后,可以对所链接图层进行同时移动、变换或调整,也可以做对齐、分布等操作。

方法为:在【图层】面板中选择多个需要链接的图层,单击【图层】面板底部的【链接图层】按钮 即可;或右击,在弹出的快捷菜单中选择【链接图层】命令,完成链接操作。如果需要取消链接,可以选择链接图层中的任一图层作为当前操作图层,再次单击【图层】面板中的【链接图层】按钮即可,如图 11-13 所示。

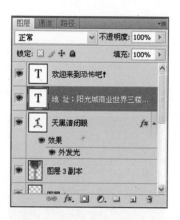

图 11-13　链接图层

13. 锁定图层

在默认情况下,“背景”图层是被锁定图层,在操作过程中为了防止操作失误,用户也可以根据需要给图层设置锁定属性。在【图层】面板中提供了 4 种锁定选项。

- 锁定透明像素 :选中该项后,对图层进行编辑时,图层中的透明部分将不会被编辑,所进行的操作只对不透明像素的部分起作用。

- 锁定图像像素 ✎：选中该项后，在对图层进行编辑时，图层中所有的图像都不会被编辑，但可以被移动。

- 锁定位置 ✚：选中该项后，在对图层进行编辑时，图像不能移动，但可进行其他编辑操作。

- 锁定全部 🔒：选中该项后，不能对图层中的图像进行任何编辑操作，如图 11-14 所示。当对图层进行全部锁定后，在对锁定图层进行相关操作时，会弹出因图层被锁定而无法操作的提示信息。

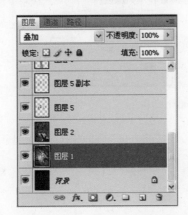

图 11-14　锁定图层

14. 合并图层

- 向下合并图层：即将当前选择的图层与下一图层进行合并。向下合并以后的图层名称和颜色标记沿用位于下方的图层名称和标记。如果同时选择了多个图层，则只能进行合并图层操作。快捷键为 Ctrl+E。

- 合并可见图层：合并可见图层，可以将处于显示状态下的所有图层都合并一起，不包括隐藏图层，只需选择【菜单图层】/【合并可见图层】命令即可，如图 11-15 所示。

图 11-15　合并图层

15. 拼合图层

拼合图层是指将所有可见图层都合并到"背景"图层中，拼合时将删掉隐藏图层，拼合后只显示为一个图层。通常在完成所有编辑效果后，最后使用拼合图层操作。

16. 栅格化图层

在 Photoshop CS4 中，有些图层是不能直接进行色彩调整、应用滤镜等操作的，例如文字图层、形状图层等，这时需要进行栅格化处理，转换为普通图层。可以选择需要转换的图层，右击，在弹出的快捷菜单中选择【栅格化图层】命令，即可完成向普通图层的转换，如图 11-16 所示。

169

 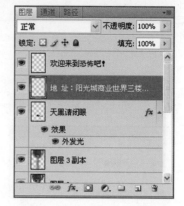

图 11-16　栅格化图层

11.3　习题

1. 填空题

(1) 图层类型主要包括_____、_____、_____、_____、_____和_____。

(2) 在【图层】面板中,用于设置图层与图层之间的叠加方式及效果的命令是_____。

2. 选择题

(1) 可以新创建一个图层的正确操作有 (　　)。

    A. 双击【图层】面板空白处

    B. 单击【图层】面板下方的按钮 ▣

    C. 使用鼠标将当前图像拖动到另一张图像上

    D. 使用文字工具在图像中添加文字

(2) 将文字图层转换为普通图层,应使用下面 (　　) 命令。

    A. 链接图层　　　　　B. 栅格化图层　　　　　C. 合并图层　　　　　D. 锁定图层

3. 思考题

(1) 如何正确理解图层概念?

(2) 如何进行不同类型图层之间的转换?

第12章

图层的不透明度与混合模式

学习目标

- 掌握 Photoshop CS4 图层的不透明度调整工具
- 熟悉 Photoshop CS4 图层混合模式效果

12.1　图层的不透明度

在 Photoshop CS4 中,可以对图层设置透明度,使图层中的内容产生透明的效果。在【图层】面板右上方有一个【不透明度】的数值框,在数值框中选择相应的数值,就可以对图层透明度进行设置,数值设置范围为 0% ~ 100%。当数值为 100% 时,图像为完全不透明;当数值为 0% 时,图像效果为完全透明。"背景"图层不能进行透明度的设置。转换为普通图层后,才能进行透明度的设置。

12.2　图层的混合模式

图层的混合模式是 Photoshop CS4 中重要的功能之一,通过色彩的混合获得一些特殊的效果。色彩混合模式是将当前绘制的颜色与图像原有的底色以某种模式进行混合,Photoshop CS4 中提供了多种混合模式,当两个图层重叠时,默认状态下为"正常"。在【图层】面板中单击左上方的【模式】列表框,在弹出的下拉式列表框中可以选择需要的模式,如图 12-1 所示。

图 12-1　图层的混合模式选项

12.2.1　正常模式

在"正常"模式下,可以通过调节不透明度显示下一图层的内容,如图 12-2 所示。

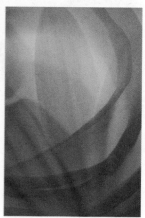

图 12-2　"正常"模式下改变图像不透明度效果

12.2.2　溶解模式

"溶解"模式是将结果颜色随机取代具有底色或混合颜色的像素,取代的程度取决于像素位置的不透明度,下一层较暗的像素被当前图层中较亮的像素所取代,达到与底色溶解在一起的效果,透明度越大,溶解效果越明显,如图 12-3 所示。

12.2.3　变暗模式

"变暗"模式是在混合时将绘制的颜色与底色之间的亮度进行比较,亮于底色的颜色都被替换,暗于底色的颜色保持不变,如图 12-4 所示。

图 12-3 "溶解"模式效果

图 12-4 "变暗"模式效果

12.2.4　正片叠底模式

"正片叠底"模式用于查看每个通道中的颜色信息,是将当前图层颜色像素值与下一层同一位置颜色像素值相乘,再除以 255,得到最终的图像效果,结果颜色总是比原来的颜色更深。在不透明度不同的情况下,图像效果区别较大,如图 12-5 所示。

12.2.5　颜色加深模式

"颜色加深"模式用于查看每个通道的颜色信息,通过像素对比度,使底色变暗,从而显示当前图层绘图色,如图 12-6 所示。

图 12-5 "正片叠底"模式效果

图 12-6 "颜色加深"模式效果

12.2.6 线性加深模式

"线性加深"模式通过降低其亮度使底色变暗,以便反映当前图层颜色,如图 12-7 所示。

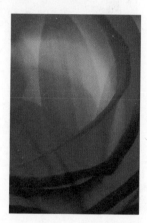

图 12-7 "线性加深"模式效果

12.2.7 深色模式

"深色"模式是比较混合色和基色的所有通道值的总和,并显示值较小的颜色。"深色"模式不会生成第三种颜色(可以通过变暗混合获得),因此,它将从基色和混合色中选择最小的通道值来创建结束色,如图 12-8 所示。

图 12-8 "深色"模式效果

12.2.8　变亮模式

"变亮"模式与"变暗"模式相反,混合时取绘图色与底色中较亮的颜色,底色中较暗的像素被绘图色中较亮的像素取代,而较亮的像素保持不变,如图 12-9 所示。

图 12-9 "变亮"模式效果

12.2.9　滤色模式

"滤色"模式与"正片叠底"模式相反,将绘制的颜色与底色的互补色相乘,然后除以 255 得到混合效果,通过该模式转换后的颜色通常较浅,如图 12-10 所示。

图 12-10 "滤色"模式效果

12.2.10　颜色减淡模式

"颜色减淡"模式主要用于查看每个通道的颜色信息,通过增加对比度使底色变亮,从而显示当前的图层颜色,如图 12-11 所示。

12.2.11　线性减淡（添加）模式

"线性减淡（添加）"模式用于查看每个通道的颜色信息,通过降低其他颜色的亮度,从而反映当前图层颜色,如图 12-12 所示。

图 12-11 "颜色减淡"模式效果

图 12-12 "线性减淡（添加）"模式效果

12.2.12 浅色模式

"浅色"模式与"深色"模式相反，它比较混合色和基色的所有通道值的总和，并显示值较大的颜色，如图 12-13 所示。

图 12-13 "浅色"模式效果

12.2.13 叠加模式

"叠加"模式是将回执的颜色与底色相互叠加,提取底色的高光和阴影部分,底色不会被取代,而是和绘图色相互混合来显示图像的亮度和暗度,如图 12-14 所示。

图 12-14 "叠加"模式效果

12.2.14 柔光模式

"柔光"模式是根据绘图色的明暗变化来决定图像最终的效果是变亮还是变暗,如图 12-15 所示。

图 12-15 "柔光"模式效果

12.2.15 强光模式

"强光"模式是根据当前层颜色的明暗程度来决定最终的效果变亮还是变暗,如图 12-16 所示。

12.2.16 亮光模式

"亮光"模式根据绘图色,通过增减对比度来加深或减淡颜色,如图 12-17 所示。

12.2.17 线性光模式

"线性光"模式是通过增加或降低当前层颜色亮度来加深或减淡颜色,如图 12-18 所示。

图 12-16 "强光"模式效果

图 12-17 "亮光"模式效果

图 12-18 "线性光"模式效果

12.2.18 点光模式

"点光"模式是根据当前图层颜色来替换颜色，如图 12-19 所示。

图 12-19 "点光"模式效果

12.2.19 实色混合模式

"实色混合"模式将两个图层叠加后，当前层产生很强的硬性边缘，如图 12-20 所示。

图 12-20 "实色混合"模式效果

12.2.20 差值模式

"差值"模式将当前图层的颜色与其下方图层颜色的亮度进行对比，用较亮颜色的像素值减去较暗颜色的像素值，所得差值就是最后效果的像素值。若当前图层颜色为白色时，可以使下方图层的颜色反相；当前图层颜色为黑色时，则原图没有变化，如图 12-21 所示。

12.2.21 排除模式

"排除"模式与"差值"模式的效果相似，但"差值"模式的效果要柔和一点，如图 12-22 所示。

图 12-21　"差值"模式效果

图 12-22　"排除"模式效果

12.2.22　色相模式

"色相"模式是选择下方图层颜色亮度和饱和度值与当前层的色相值进行混合创建结果颜色,混合后的亮度及饱和度取决于底色,色相取决于当前层的颜色,如图 12-23 所示。

图 12-23　"色相"模式效果

12.2.23　饱和度模式

"饱和度"模式混合后色相及明度与底色相同,而饱和度与绘制的颜色相同,如图 12-24 所示。

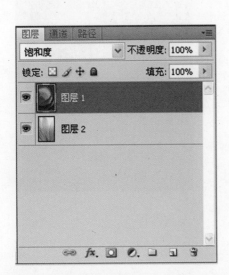

图 12-24　"饱和度"模式效果

12.2.24　颜色模式

"颜色"模式使用底色的明度以及绘图色的色相和饱和度创建结果颜色,混合后的整体颜色由当前的绘制色决定,如图 12-25 所示。

12.2.25　明度模式

"明度"模式使用底色的色相和饱和度创建最终结果颜色,如图 12-26 所示。

图 12-25　"颜色"模式效果

图 12-26   "明度"模式效果

12.3　习题

1. 填空题

（1）在混合时将绘制的颜色与底色之间的亮度进行比较，亮于底色的颜色都被替换，暗于底色的颜色保持不变的图层混合是_____。

（2）在"正常"模式下，可以通过调节_____显示下一图层的内容。

2. 选择题

（1）下面（　　）对"正片叠底"（Multiply）模式的描述是正确的。

　　A. 将底色的像素值和绘图色的像素值相乘，然后再除以 255 得到的结果就是最终色

　　B. 像素值取值范围是在 0 ～ 100 之间

　　C. 任何颜色和白色执行"正片叠底"（Multiply）模式后结果都将变为黑色

　　D. 通常执行"正片叠底"（Multiply）模式后颜色较深

（2）下面（　　）命令不属于图层的混合模式。

　　A. 正片叠底　　　　　　B. 滤色　　　　　　C. 去色　　　　　　D. 柔光

3. 思考题

（1）图层的混合模式主要包括哪些？

（2）通过改变图层不透明度和使用变亮混合模式得到图像效果有哪些不同？

第13章

图层样式的运用

学习目标

掌握 Photoshop CS4 中各种图层样式的运用方法

13.1 图层样式的基本操作

图层样式又称为图层特殊效果,可以通过图层样式为图像增加多种特殊的效果。在 Photoshop CS4 中,提供了 10 种样式选择,分别是投影、内阴影、外发光、内发光、斜面和浮雕、光泽、颜色叠加、渐变叠加、图案叠加和描边。

用户可以执行菜单栏中的【样式】命令,进行图层样式设置;或者在【图层】面板中选择图层,单击面板下面的【图层样式】按钮,在弹出的菜单中选择需要的图层样式,如图 13-1 所示;或者直接用鼠标双击选中的图层,在弹出的【图层样式】对话框中进行设置。

下面是【图层】面板中的一些操作。

图 13-1　图层样式选项

● 显示或隐藏图层样式:为图层添加图层样式后,在相应的图层下面会显示已使用的图层样式,单击样式前面的【眼睛】按钮,可以对图层样式进行显示或隐藏。

● 修改与设置:双击该图层样式,可在【图层样式】对话框中进行修改与设置。

● 删除:在【图层】面板中,直接用鼠标将图层样式拖动到底部的【删除】按钮上即可。

13.2 各类图层样式的运用

13.2.1 投影图层样式

"投影"图层样式可以在图像下方产生一种阴影效果,以增加层次感,参数设置如图 13-2 所示。

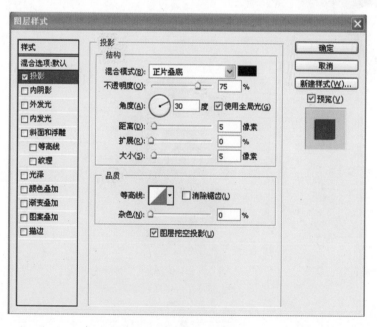

图 13-2　【投影】图层样式

● 混合模式:设置阴影与下一图层的混合模式。

● 不透明度:设置阴影的不透明度。

● 角度:设置阴影的角度。

● 使用全局光:选中该复选框,所有图层应用阴影的光源角度一致。

- 距离：设置阴影与图层之间的距离。
- 扩展：设置数值越大，阴影越重。
- 大小：设置数值越大，投影越大。
- 等高线：设置投影采用的轮廓样式。
- 杂色：在生成的阴影中加入杂点。
- 图层挖空投影：指定生成的投影是否与当前图像所在的图层分离。

13.2.2　内阴影图层样式

"内阴影"图层样式可以在图像边缘内产生阴影。参数设置与"投影"图层样式基本相同，参数设置如图 13-3 所示。【阻塞】选项用于设置图像与阴影之间向内缩进的大小。

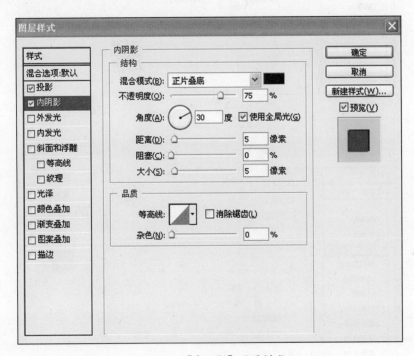

图 13-3 　【内阴影】图层样式

13.2.3　外发光图层样式

"外发光"图层样式可以在图像边缘以外产生光晕效果，参数设置如图 13-4 所示。

- 方法：设置发光光源边缘元素的模式。
- 扩展：设置边缘向外扩展的数值。
- 大小：控制光晕的柔化程度。
- 等高线：设置外发光的轮廓形状。
- 范围：设置轮廓线的运用范围，数值越大，界定渐变形态的色彩分布越明显。
- 抖动：控制光的渐变。

13.2.4　内发光图层样式

"内发光"图层样式可以在图像边缘以内产生光晕效果。参数设置与"外发光"图层样式相同，如图 13-5 所示。

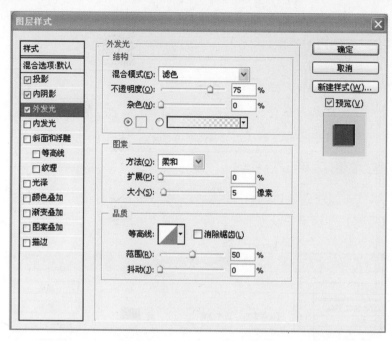

图 13-4 【外发光】图层样式

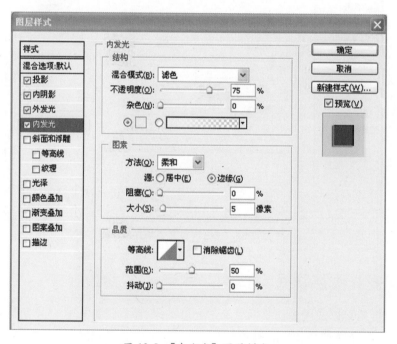

图 13-5 【内发光】图层样式

13.2.5 斜面和浮雕图层样式

"斜面和浮雕"图层样式可以使图像产生浮雕效果,即产生各种立体效果,参数设置如图 13-6 所示。

- 样式:可以进行不同浮雕效果的选择。
- 方法:可以进行雕刻柔和程度的选择。
- 深度:设置数值越大,浮雕阴影效果颜色就越深。
- 方向:可以改变立体效果的光源方向。

- 软化：设置阴影边缘过渡的大小。
- 角度：设置立体光源的角度。
- 高度：设置立体光源的高度。
- 光泽等高线：决定被编辑图层效果的光泽程度。
- 高光模式：设置高光部分的混合模式。
- 阴影模式：设置暗调部分的混合模式。
- 不透明度：设置亮部与暗部的不透明度。

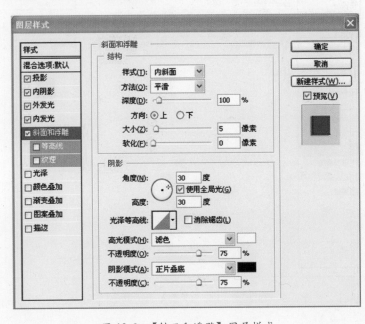

图 13-6 【斜面和浮雕】图层样式

13.2.6 光泽图层样式

"光泽"图层样式可以在图像边缘产生羽化的效果，参数设置如图 13-7 所示。

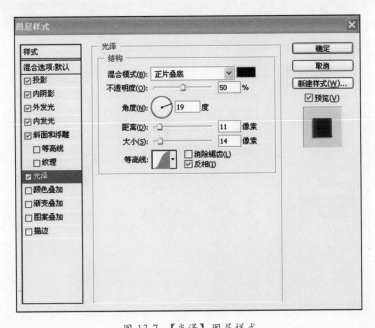

图 13-7 【光泽】图层样式

- 混合模式：设置与下一图层的混合模式。
- 距离：设置光泽与图像之间的距离。

13.2.7　颜色叠加图层样式

"颜色叠加"图层样式可以为当前图层通过叠加方式填充一种颜色，参数设置如图 13-8 所示。

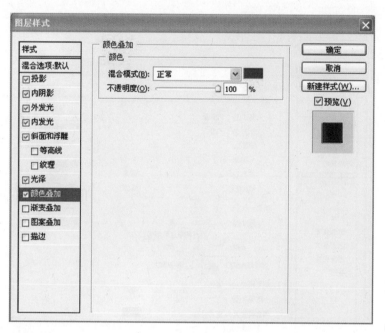

图 13-8　【颜色叠加】图层样式

13.2.8　渐变叠加图层样式

"渐变叠加"图层样式可以为当前图层通过叠加方式添加一种渐变色，参数设置如图 13-9 所示。

- 渐变：可以选择渐变的种类，还可以自定义渐变效果。

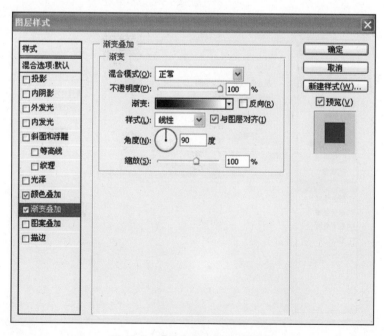

图 13-9　【渐变叠加】图层样式

- 反向：选中该复选框，可以将渐变颜色反转。
- 样式：可以选择渐变类型。
- 角度：设置渐变的角度。
- 缩放：设置渐变效果的缩放比例。

13.2.9　图案叠加图层样式

"图案叠加"图层样式可以为当前图层通过叠加方式添加一种图案，参数设置如图 13-10 所示。

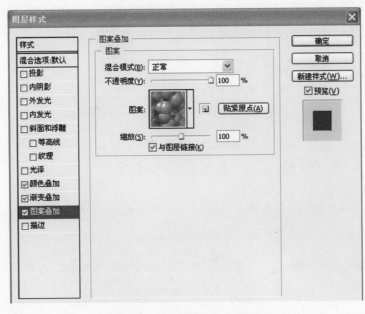

图 13-10　【图案叠加】图层样式

13.2.10　描边图层样式

"描边"图层样式可以为图像边缘添加一种描边效果，可以指定颜色、渐变或图案，参数设置如图 13-11 所示。

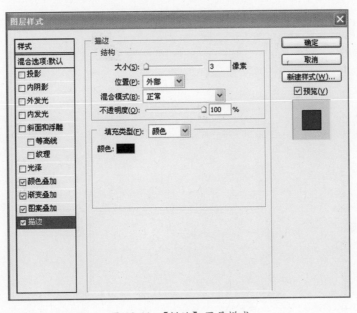

图 13-11　【描边】图层样式

● "位置"：设置描边的位置，提供外部、内部和居中 3 个选项。

● "填充类型"：设置描边区域的填充内容，提供颜色、渐变和图案 3 个选项。

13.3 习题

1. 填空题

（1）＿＿＿＿＿＿＿图层样式可以在图像边缘以内产生光晕效果。

（2）在 Photoshop CS4 中，可以使图像产生叠加效果的图层样式有＿＿＿＿＿＿、＿＿＿＿＿＿和
＿＿＿＿＿＿。

2. 选择题

（1）在 Photoshop CS4 中，提供了（　　）种图层样式用于选择。

    A. 5　　　　　　　B. 10　　　　　　　C. 15　　　　　　　D. 20

（2）在 Photoshop CS4 中，可以在图像边缘产生羽化效果的图层样式是（　　）。

    A. 投影　　　　　B. 内阴影　　　　C. 光泽　　　　　D. 外发光

3. 思考题

（1）图层样式和图层混合模式有什么区别？

（2）图层样式中的描边效果与图像色彩描边效果有什么不同？

第14章

"图像合成"篇案例演示

学习目标
- 熟练掌握图层的概念与运用方法
- 练习不同风格的图像合成效果的制作

14.1 波普风格

（1）新建文件,命名为波普风格,参数设置如图 14-1 所示。

（2）打开素材图片"纸皮背景",用移动工具将图片移至新建文档,生成"图层 1",效果如图 14-2 所示。

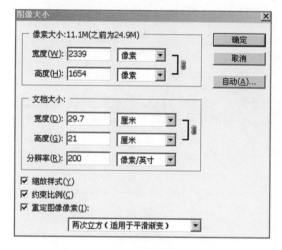

图 14-1 新建文件 　　　　　图 14-2 "图层 1"对应的【图层】面板

（3）按 Ctrl+T 快捷键调整"图层 1"大小,以适合新建文档大小,如图 14-3 所示。

（4）打开人物素材图片,并且选择【图像】/【调整】/【去色】命令,对图片执行去色处理,如图 14-4 所示。

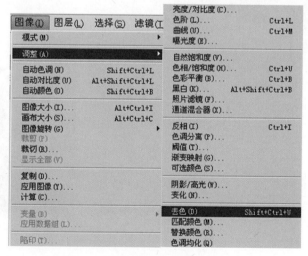

图 14-3 调整素材图片大小 　　　　　图 14-4 【去色】命令

（5）对去色后的图片选择【图像】/【调整】/【色阶】命令,参数设置及效果如图 14-5 和图 14-6 所示。

（6）选择直线套索工具，沿人物边缘进行选取,注意和任务边缘保留一定距离,效果如图 14-7 所示。

（7）在套索工具建立选区后,按 Ctrl+J 快捷键复制出选区内容,得到"图层 1",效果如图 14-8 所示。

（8）选择人物素材图片中生成的"图层 1",选择移动工具将其拖至新建文档中,生成"图层 2"。并且按 Ctrl+T 快捷键,将图形缩放、旋转至适当大小,效果如图 14-9 所示。

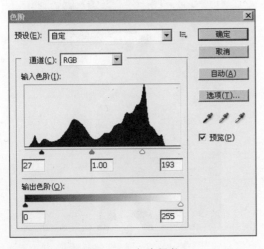

图 14-5　色阶调整

图 14-6　色阶调整效果

图 14-7　建立选区

图 14-8　复制图层

图 14-9　变换图形

（9）打开素材图片（图 14-10）"山羊"，去色后，用直线套索工具选择头部。再按 Ctrl+J 快捷键，将选区内容复制到新图层，得到"图层 1"，效果如图 14-11 所示。

图 14-10　山羊素材图片

图 14-11　复制选区内图形

（10）选择山羊素材图片中生成的"图层 1"，再选择移动工具将其拖至新建文档中，生成"图层 3"。然后按 Ctrl+T 快捷键，对图形缩放、旋转至适当大小，效果如图 14-12 和图 14-13 所示。

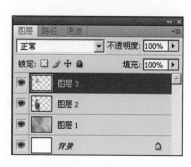

图 14-12 选中"图层 3"

图 14-13 旋转、缩放效果

（11）选择"图层 3"，单击【图层】面板上"添加图层蒙版"按钮 ，将前景色设置为黑色。选择工具箱中的画笔工具，选择一个柔滑笔触，在图层蒙版上进行绘制，将不需要的区域隐藏，如图 14-14 所示，得到的图像效果如图 14-15 所示。

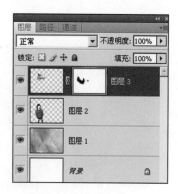

图 14-14 增加蒙版

图 14-15 图像效果

（12）选择工具箱中的画笔加深工具 ，并在工具选项栏设置柔角笔触，对山羊的颈部进行加深处理，效果如图 14-16 和图 14-17 所示。

图 14-16 加深局部

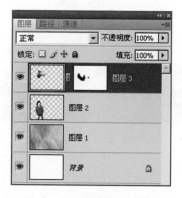

图 14-17 为"图层 3"增加蒙版

（13）继续选择"图层3"，选择【图像】/【调整】/【色阶】命令，参数设置如图14-18所示，效果如图14-19所示。

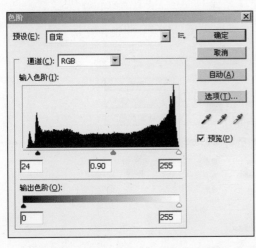

图 14-18　对"图层3"进行色阶调整

图 14-19　色阶调整效果

（14）选择钢笔工具![pen]，在山羊头部轮廓之外建立部分选区，如图14-20所示。

（15）按Ctrl+Enter快捷键激活选区，将选区填充为接近周围颜色的灰白色，如图14-21所示。

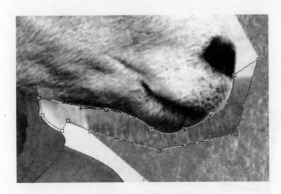

图 14-20　建立选区

图 14-21　填充颜色

（16）选中"图层2"与"图层3"，按Ctrl+E快捷键，得到合并后的"图层3"，如图14-22和图14-23所示。

（17）选择"图层3"，按Ctrl+T快捷键，出现定界框后；按Ctrl键进行扭曲变形，效果如图14-24所示。

图 14-22　合并图层

图 14-23　合并后效果

图 14-24　扭曲变形

（18）双击"图层 3"，弹出【图层样式】对话框，选中【投影】复选框，参数设置如图 14-25 所示，效果如图 14-26 所示。

（19）打开素材图片（图 14-27）"乐器 1"，再打开【路径】面板，按 Ctrl+Enter 快捷键激活该乐器的路径选区。回到【图层样式】对话框，按 Ctrl+J 快捷键复制出选区内容，如图 14-28 和图 14-29 所示。

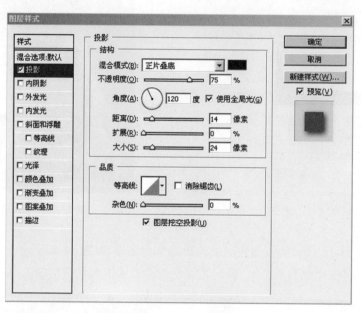

图 14-25　"投影"图层样式

图 14-26　投影效果

图 14-27　"乐器 1"素材图片

图 14-28　【路径】面板

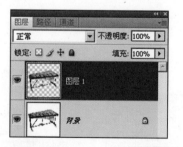

图 14-29　复制选区内容

（20）选择"图层 1"，选择【图像】/【调整】/【去色】命令，将"图层 1"移至新建文档中，生成"图层 4"，效果如图 14-30 所示。

（21）双击"图层 4"，弹出【图层样式】对话框，选中【投影】复选框，参数设置如图 14-31 所示。选中【描边】复选框，参数设置如图 14-32 所示，效果如图 14-33 所示。

图 14-30　去色效果

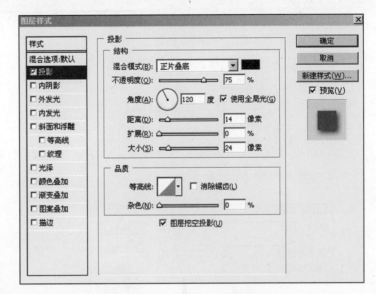

图 14-31　【投影】图层样式

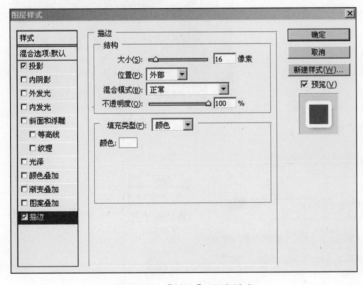

图 14-32　【描边】图层样式

图 14-33　扬琴效果

（22）用相同的方法完成"图层 5"的制作，效果如图 14-34 所示。

（23）用同样的方法继续完成"图层 6"的制作，注意调整图层前后顺序，效果如图 14-35 所示。

图 14-34　话筒效果

图 14-35　萨克斯效果

（24）打开素材图片（图14-42）"乐器4"，去色后，打开【路径】面板，选择乐器路径并激活。回到【图层样式】对话框，按 Ctrl+J 快捷键复制出选区内容，移至新文档中，得到"图层7"。按 Ctrl+T 快捷键调整图形大小，如图14-36所示。

图14-36　架子鼓效果

（25）选择"图层7"，选择【图像】/【调整】/【色阶】命令，参数设置如图14-37所示，效果如图14-38所示。

（26）双击"图层7"，弹出【图层样式】对话框，选中【投影】复选框，参数设置如图14-39所示。

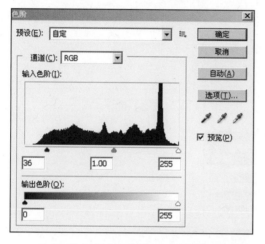

图14-37　对"图层7"进行色阶调整

图14-38　色阶调整效果

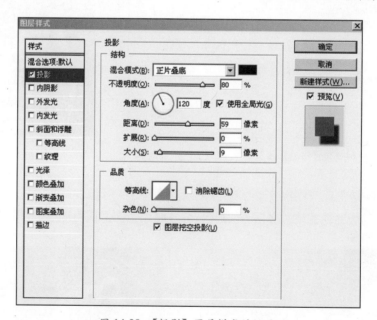

图14-39　【投影】图层样式的设置

（27）选择"图层7"，选择【图层】/【图层样式】/【创建图层】命令，如图14-40所示。得到效果如图14-41所示，"图层7"的投影效果将与原图层分散为两个独立的图层。

（28）选择"图层7"的投影图层，按 Ctrl+T 快捷键，出现定界框，按住 Ctrl 键进行扭曲变形，得到如图14-42所示的效果。

（29）打开素材图片（图14-43）"文字1"并移至新建文档中，生成"图层8"。将"图层8"置于"图层1"之上,再按 Ctrl+T 快捷键,调整"图层8"的大小,做适当旋转,效果如图14-43所示。

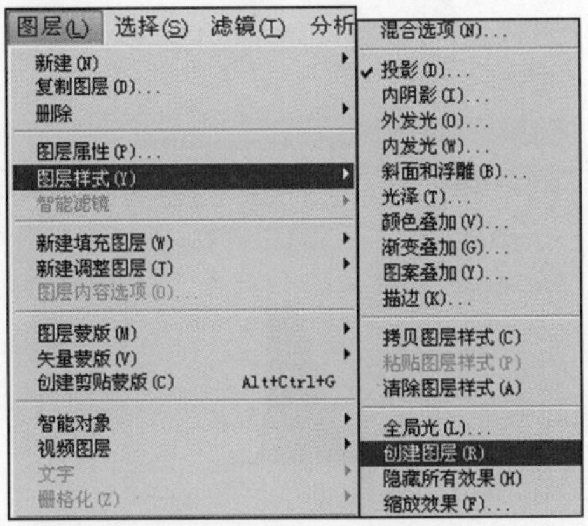

图 14-40 【创建图层】命令

图 14-41 分解后的图层

图 14-42 变形阴影效果

图 14-43 移入素材图片"文字1"

　　(30) 将"图层8"模式改为"线性加深",【不透明度】选项值降低为65%,效果如图14-44和图 14-45 所示。

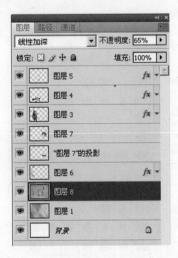

图 14-44 选中"图层8"

图 14-45 线性加深效果

　　(31) 继续打开素材图片(图14-46)"文字2"并移至新建文档中,生成"图层9"。将"图层9"置于"图层8"之上,并按 Ctrl+T 快捷键,调整"图层9"的大小,然后旋转图形,效果如图14-46所示。

　　(32) 选择"图层9",选择【图像】/【调整】/【色阶】命令,参数设置如图14-47所示。将"图层9"

模式改为"柔光",效果如图 14-48 所示。

（33）新建"图层 10",置于"图层 1"的上方。选择直线套索工具绘制选区,填充暗红色（R:146 /G:30/ B:49）,效果如图 14-49 所示。

图 14-46　移入素材图片"文字 2"

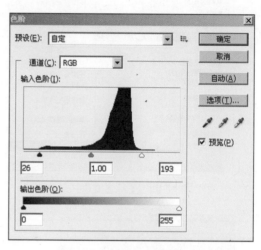

图 14-47　色阶调整

图 14-48　柔光效果

图 14-49　绘制背景

（34）新建"图层 11",选择自定义形状工具后,展开形状的内容。单击展开形状栏的小三角形按钮,如图 14-50 所示,选择追加全部形状,结果如图 14-51 所示。

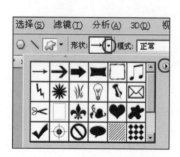

图 14-50　追加自定义形状

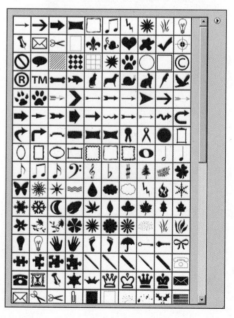

图 14-51　自定义形状

（35）在状态栏选择【填充像素】按钮 ，然后在刚才追加的形状中找到飞机和汽车的形状，保持之前的红色前景色，在"图层11"中进行绘制，注意调整每一个形状的大小与方向，效果如图14-52所示。

（36）设置前景色为黑色，选择文字输入工具 T 来输入文字，效果如图14-53所示。

图14-52　绘制图形

图14-53　输入文字

（37）选择【图层】面板中最顶层图层，单击【图层】面板上"调整图层"按钮 ，选择【色彩平衡】命令，在打开的对话框中设置参数如图14-54所示，最终效果如图14-55和图14-56所示。

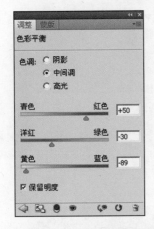

图14-54　色彩平衡

图14-55　图层应用色彩平衡

图14-56　最终效果

14.2　中国风

（1）选择【文件】/【新建】命令（Ctrl+N），参数设置如图14-57所示。

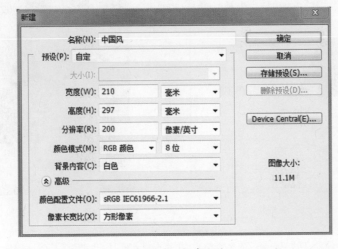

图14-57　新建文件

（2）导入素材图片"纹理"，生成"图层1"。按Ctrl +T快捷键调整图像大小以适应文档背景大小，如图14-58所示。选择【图像】/【调整】/【去色】命令（Ctrl+Shift+U），如图14-59所示。

图14-58 导入素材图片"纹理"

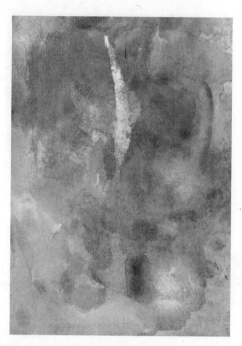

图14-59 去色

（3）选择"图层1"，再选择【文件】/【图像】/【色阶】命令（Ctrl+L），参数设置如图14-60所示，效果如图14-61所示。

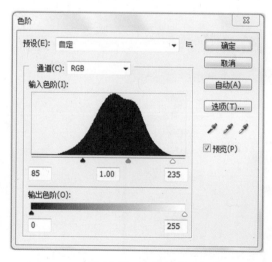

图14-60 色阶调整

图14-61 色阶调整效果

（4）选择【文件】/【打开】命令（Ctrl+O），打开素材图片，如图14-62所示。进入【路径】面板，

选择路径后,单击【路径】面板下方将"路径作为选区载入"按钮 ⊙ ,得到选区。回到【图层】面板,
按 Ctrl+J 快捷键,复制选区内容到新图层,生成"图层 1",如图 14-63 和图 14-64 所示。

图 14-62　打开素材图片　　　　　图 14-63　【路径】面板　　　　　图 14-64　复制选区内容

(5) 将"图层 1"移到新建文档中,生成"图层 2"。按 Ctrl+T 快捷键,再按住 Shift 键等比例将图
形缩小到适当大小,如图 14-65 和图 14-66 所示。

图 14-65　缩小图形　　　　　　　　图 14-66　【图层】面板

(6) 单击【图层】面板下方"调整图层"按钮 ◐ ,在弹出的菜单中选择"色相/饱和度"调整图层,
参数设置如图 14-67 所示。选择【图层】/【创建剪切蒙版】命令,将色相调整范围控制在"图层 2"区域,
效果如图 14-68 和图 14-69 所示。

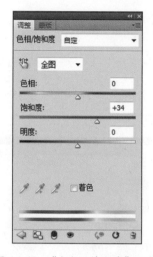

图 14-67　"色相/饱和度"调整　　　　图 14-68　调整效果　　　　图 14-69　【图层】面板

（7）双击"图层 2"，在弹出的【图层样式】面板中选择"外发光"与"内发光"图层样式，参数设置如图 14-70 和图 14-71 所示。

（8）按 Ctrl+O 快捷键打开素材图片"花"，如图 14-72 所示。进入【通道】面板，复制蓝色通道，如图 14-73 所示。按 Ctrl+L 快捷键，弹出【色阶】对话框，参数设置如图 14-74 所示。单击【通道】面板下方的"将通道作为选区载入"按钮 ，得到选区。回到【图层】面板，选择背景图层，按 Ctrl+J 快捷键，得到"图层 1"。

（9）关闭"背景"图层，可见"图层 1"中的花朵周围有深色边缘，如图 14-75 所示。按住 Ctrl 键单击"图层 1"，激活"图层 1"内容为选区，选择【选择】/【修改】/【收缩】命令，设置【收缩量】为 5，

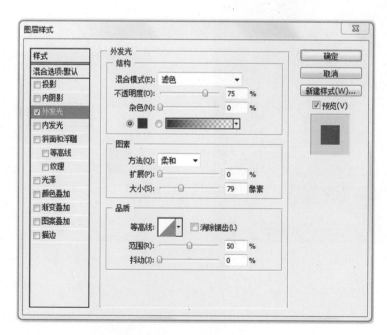

图 14-70　"外发光"图层样式

选择【选择】/【反相】命令（Ctrl+I），按 Delete 键清除黑色边缘，如图 14-76 所示。

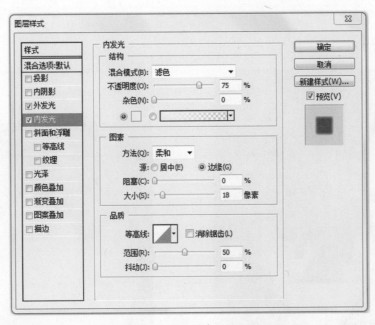

图 14-71　"内发光"图层样式

图 14-72　打开素材图片"花"

图 14-73　复制蓝通道

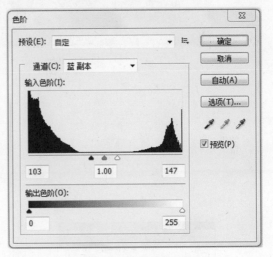

图 14-74　色阶调整

图 14-75　去掉背景

图 14-76　清除黑色边缘

（10）将取出的"花朵"移至新建文档中，生成"图层3"，置于"图层2"之下。按Ctrl+T快捷键，按住Shift键等比例将图形缩至适当大小，如图14-77所示。选择"图层2"，增加图层蒙版。暂时关闭"图层2"，选择钢笔工具，沿前面的花瓣绘制出如图14-78所示的选区。激活选区，回到蒙版填充黑色，如图14-79和图14-80所示。

图 14-77　移入"花朵"

图 14-78　绘制选区

图 14-79　增加蒙版

图 14-80　填充效果

（11）设置画笔笔触为"柔角"，适当调整【不透明度】与【流量】，在蒙版内绘制，如图14-81所示，效果如图14-82所示。

图 14-81　在蒙版内绘制　　　　　　　　　　　图 14-82　绘制效果

（12）按 Ctrl+O 快捷键打开素材图片"云彩"，如图 14-83 所示。将"云彩"移入新建文档中，生成"图层 4"，置于调整图层上方，增加蒙版。选择前景色为黑色，设置画笔笔触为"柔角"，降低【不透明度】与【流量】，在蒙版区域绘制，如图 14-84 所示，效果如图 14-85 所示。

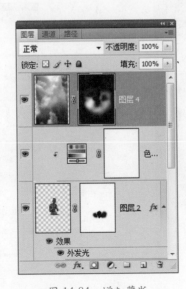

图 14-83　打开素材图片"云彩"　　　图 14-84　增加蒙版　　　　　图 14-85　增加蒙版后效果

（13）选择"图层 4"，再选择【图像】/【调整】/【专色】命令（Ctrl+Shift+U），参数设置如图 14-86 所示，效果如图 14-87 所示。

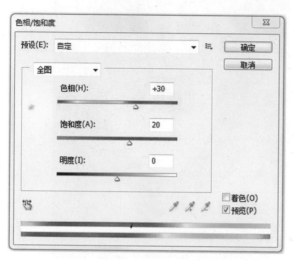

图 14-86 设置"色相/饱和度"参数

图 14-87 设置色相/饱和度后效果

（14）选择"图层 3"，按 Ctrl+J 快捷键复制，得到"图层 3 副本"。按 Ctrl+I 快捷键选择【反相】命令，将"图层 3 副本"置于"图层 3"之下，按 Ctrl+T 快捷键，对图形缩小、旋转至适当大小，如图 14-88 和图 14-89 所示。

图 14-88 复制图层

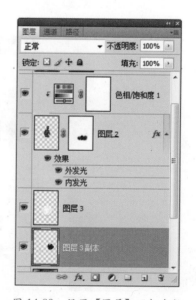

图 14-89 设置【图层】面板参数

（15）选择"图层 3 副本"，按 Ctrl+Shift+U 快捷键去色，然后按 Ctrl+L 快捷键作色阶调整，参数设置如图 14-90 所示，效果如图 14-91 所示。

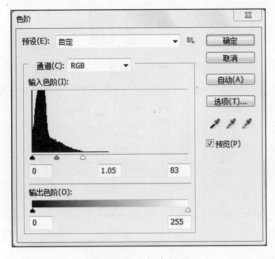

图 14-90　色阶调整

图 14-91　调整色阶后效果

（16）选择"图层 3 副本"，按 Ctrl+J 快捷键，复制得到"图层 3 副本 2"，置于"图层 3 副本"下方并缩小，效果如图 14-92 和图 14-93 所示。

图 14-92　复制图层

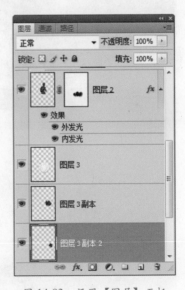

图 14-93　设置【图层】面板

（17）按住 Ctrl 键的同时选择"图层 3"与"图层 4"，如图 14-94 所示。同时拖至【图层】面板中"创建新图层"图标上，分别得到复制图层。在保持选择的状态下，按 Ctrl+E 快捷键合并复制的两个图层，得到"图层 4 副本"，如图 14-95 和图 14-96 所示。

（18）选择"图层 4 副本"，按 Ctrl+J 快捷键再复制一次，分别缩小并放置在适当的位置，效果如图 14-97 所示。分别为"图层 4 副本"、"图层 4 副本 2"增加蒙版，用黑色柔化画笔遮去多余区域，如图 14-98 所示。

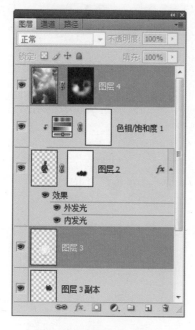

图 14-94 选择多个图层

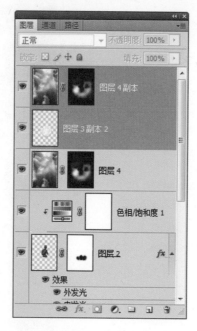

图 14-95 复制图层

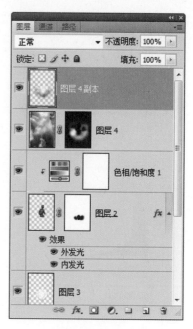

图 14-96 合并图层

图 14-97 再复制图层

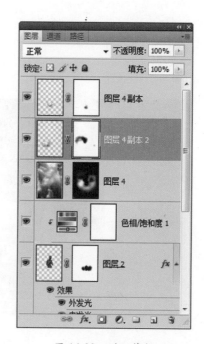

图 14-98 增加蒙版

（19）按 Ctrl+O 快捷键打开素材图片"建筑"，如图 14-99 所示。选择魔棒工具 ，设置【容差】为 30。按住 Shift 键加选，在选择完所有天空区域后，按 Ctrl+Shift+I 快捷键执行反相操作，然后按 Ctrl+J 快捷键，得到"图层 1"。关闭"背景"图层，效果如图 14-100 所示。

（20）进入【通道】面板，选择绿色通道进行复制，得到"绿 副本"通道，如图 14-101 所示。按 Ctrl+L 快捷键选择【色阶】命令，参数设置如图 14-102 所示。

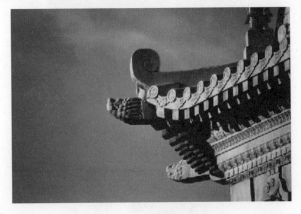

图 14-99 打开素材图片"建筑"

图 14-100 删除背景

图 14-101 复制绿色通道

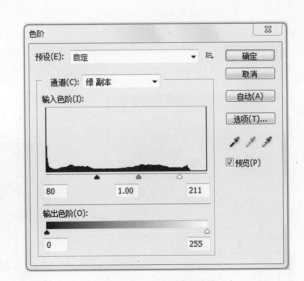

图 14-102 色阶调整参数

（21）选择【图像】/【调整】/【反相】命令（Ctrl+I），如图 14-103 所示。激活通道选区,回到【图层】面板,新建"图层 2",填充黑色,关闭"图层 1",效果如图 14-104 所示。

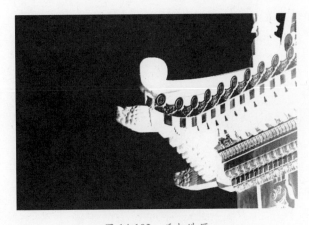

图 14-103 反相选区

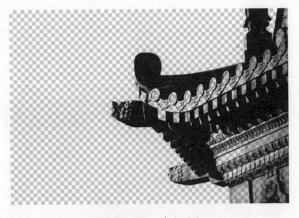

图 14-104 填充黑色

（22）将"图层 2"移至新建文档中,生成"图层 5",置于"图层 3"下方。选择矩形选框工具，框选建筑下方,如图 14-105 所示。按 Ctrl+T 快捷键,向下拉伸背景建筑选区内容,如图 14-106 所示。

图 14-105　绘制矩形选区

图 14-106　拉伸背景建筑

（23）为"图层 5"增加蒙版,选择用钢笔工具建立选区填充和使用黑色柔角画笔绘制的方法,在蒙版图层进行绘制,如图 14-107 所示,得到的效果如图 14-108 所示。

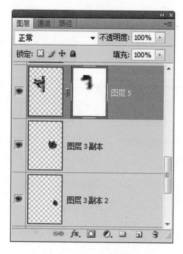

图 14-107　增加蒙版参数

图 14-108　虚化建筑边缘

（24）新建"图层 6",置于"图层 5"下方。选择椭圆选框工具,按住 Shift 键绘制一个圆,填充灰色（R:80/G:80/B:80）,如图 14-109 和图 14-110 所示。

图 14-109　绘制图形

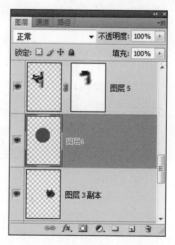

图 14-110　"图层 6"置于"图层 5"下方

（25）双击"图层6"，在弹出的【图层样式】面板中选择"外发光"与"内发光"图层样式，参
数设置如图14-111和图14-112所示。将"图层6"【填充】选项设为30%，如图14-113所示，效
果如图14-114所示。

（26）新建"图层7"，置于各图层上方。选择椭圆选框工具 🔘，按住Shift键绘制一个圆，填充黑色。
将图层模式设置为"颜色加深"，【填充】选项降低为25%，效果如图14-115和图14-116所示。

（27）新建"图层8"，置于"图层2"的调整图层之上。选择钢笔工具，绘制如图14-117所示的
一段路径，设置前景色为白色，设置画笔为9像素的尖角。进入【路径】面板，右击选择【描边路径】，
在弹出的对话框中选中【模拟压力】选项，如图14-118所示。

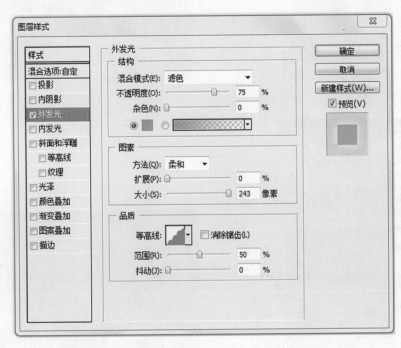

图14-111　设置"外发光"图层样式

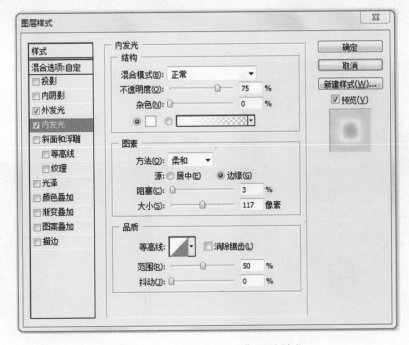

图14-112　设置"内发光"图层样式

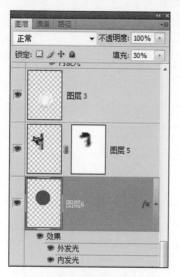

图 14-113　选中"图层 6"

图 14-114　"图层 6"填充效果

图 14-115　在"图层 7"绘制图形

图 14-116　降低透明度

图 14-117　在"图层 8"绘制形状

图 14-118　描边路径

（28）选择"图层8"，增加蒙版，设置前景色为黑色，选择柔角画笔在蒙版中进行选择涂抹，形成线与背景、主体物的穿插，效果如图14-119和图14-120所示。

图14-119　为"图层8"新建蒙版

图14-120　图层效果

（29）双击"图层8"，在弹出的【图层样式】面板中选择"外发光"图层样式，参数设置如图14-121所示，效果如图14-122所示。

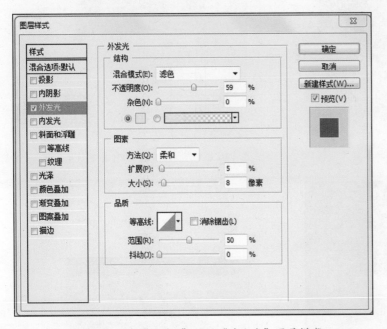

图14-121　为"图层8"设置"外发光"图层样式

图14-122　外发光效果

（30）新建"图层9"，使用相同的方法绘制线条，并将图层模式改为"柔光"，复制一次，效果如图14-123和图14-124所示。

（31）新建"图层10"，置于顶层。选择椭圆选框工具　，按住Shift键绘制一个小圆。双击图层并选择"外发光"图层样式，效果如图14-125和图14-126所示。

（32）选择"图层10"，按住Alt键反复复制，复制的同时结合Ctrl+T快捷键缩小图形、Ctrl+E快捷键合并图形，最后合并"图层10"与"图层10所有副本"，效果如图14-127和图14-128所示。

图 14-123　在"图层 9"绘制图形

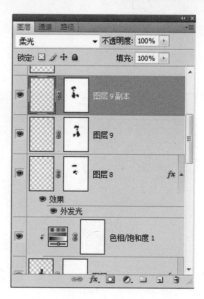

图 14-124　选中"图层 9 副本"

图 14-125　在"图层 10"绘制圆形

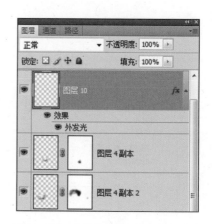

图 14-126　"图层 10"的外发光效果

图 14-127　复制"图层 10"

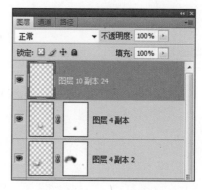

图 14-128　合并图层

　　（33）选择文字工具 **T.** 并输入文字，如图 14-129 所示。双击"文字"图层，为文字增加投影的效果，如图 14-130 所示。

图 14-129 输入文字

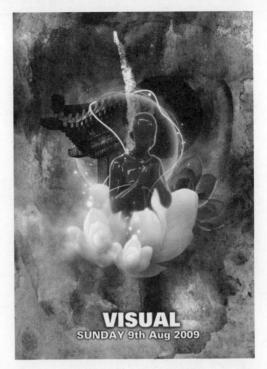

图 14-130 增加投影效果

（34）新建"图层 11"，设置透明到黑色渐变，由中心向外拉出径向渐变。改变图层模式为"叠加"，效果如图 14-131 和图 14-132 所示。

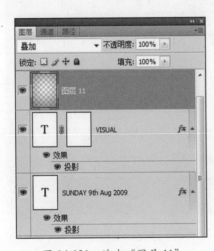

图 14-131 选中"图层 11"

图 14-132 最终效果

14.3 别样封面

（1）选择【文件】/【新建】命令，参数设置如图 14-133 所示。

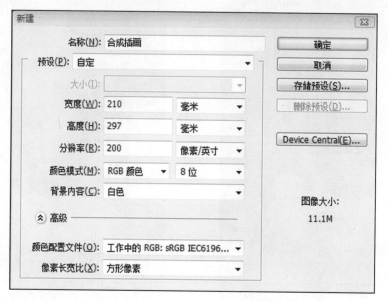

图 14-133　新建文件

（2）导入素材图片，生成"图层 1"，并且按 Ctrl+T 快捷键调整图像大小以适应文档背景大小，如图 14-134 所示。选择【图像】/【调整】/【去色】命令（Ctrl+Shift+U），去色效果如图 14-135 所示。

图 14-134　导入素材图片

图 14-135　去色效果

（3）选择【文件】/【打开】命令打开人物素材图片。首先使用钢笔工具绘制出人物头发以外的大致轮廓，如图 14-136 所示。按住 Ctrl+Enter 快捷键激活路径，再按 Ctrl+J 快捷键得到"图层 1"，效果如图 14-137 所示。

图 14-136　打开人物素材图片

图 14-137　去底效果

（4）选择背景图层通道，选择蓝色通道，按 Ctrl+J 快捷键进行复制，得到"蓝 副本"通道，选择【图像】/【调整】/【色阶】命令 (Ctrl+L)，参数设置如图 14-138 所示，得到的效果如图 14-139 所示。

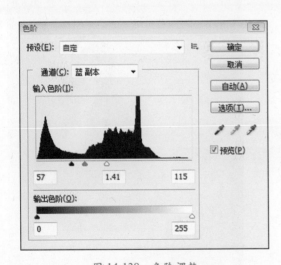

图 14-138　色阶调整

图 14-139　色阶调整后效果

（5）对"蓝 副本"通道选择【图像】/【调整】/【反相】命令 (Ctrl +I)，得到的效果如图 14-140 所示。选择矩形选框工具绘制方形，填充为黑色，如图 14-141 所示。

图 14-140 反相效果

图 14-141 填色效果

（6）按住【通道】面板下方"将通道作为选区载入"按钮 ⊙，激活白色区域，回到【图层】面板的"背景"图层，选择【复制】(Ctrl+J) 命令，得到"图层 2"，如图 14-142 所示。选择"图层 1"，选择【向下合并图层】命令 (Ctrl+E)，得到"图层 2"，效果如图 14-143 所示。

（7）选择移动工具 ▶，将"图层 2"移入新建文档中，如图 14-144 所示。

图 14-142 复制选区内容

图 14-143 合并图层得到"图层 2"

图 14-144 导入素材图片人物

(8）选择仿制图章工具 ，对人物头顶部分残缺进行修补，如图 14-145 所示。对"图层 2"增加一个蒙版，设置前景色为黑色。选择一个柔角画笔，设置画笔【不透明度】选项值为 30%，在蒙版内进行涂抹，如图 14-146 所示。

图 14-145　仿制图章修补

图 14-146　对"图层 2"增加蒙版

(9）将素材图片"花卉 1"导入新建文档中，生成"图层 3"，置于"图层 2"下方。为"图层 3"设置蒙版，并且将白纸周围范围以黑色柔角画笔在蒙版内绘制，效果如图 14-147 和图 14-148 所示。

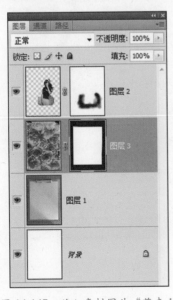

图 14-147　移入素材图片"花卉 1"

图 14-148　为"图层 2"增加蒙版

（10）选择"图层 3"，选择【图像】/【调整】/【去色】命令（Ctrl+Shift+U），并且选择【图像】/
【调整】/【色阶】命令（Ctrl+L），参数设置如图 14-149 所示。将图层叠加模式改为线性加深，【不透
明度】选项值降低为 80%，如图 14-150 所示。选择"图层 1"，选择【图像】/【调整】/【色阶】命令，
参数设置如图 14-151 所示，效果如图 14-152 所示。

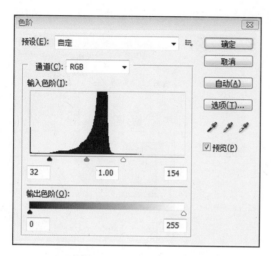

图 14-149　为"图层 3"调整色阶

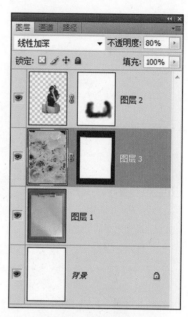

图 14-150　改变图层模式

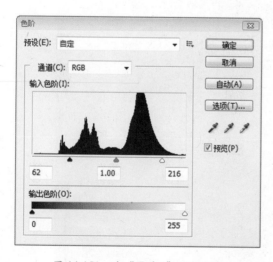

图 14-151　为"图层 1"调整色阶

图 14-152　"图层 1"调整色阶后效果

（11）选择笔触较大的柔角画笔，设置前景色为黑色，【不透明度】选项值为 30%，在"图层 3"蒙
版内进行涂抹，如图 14-153 所示，得到的效果如图 14-154 所示。

图 14-153　在蒙版内涂抹　　　　　　　　图 14-154　涂抹效果

（12）双击"图层 2"（人物图层），增加"内阴影"与"外发光"的图层样式，参数设置如图 14-155 和图 14-156 所示。

（13）打开素材图片"花卉 2"，如图 14-157 所示。进入【通道】面板，选择蓝色通道进行复制，并在复制后的"蓝 副本"通道进行色阶调整（Ctrl+L），参数设置如图 14-158 所示，效果如图 14-159 所示。

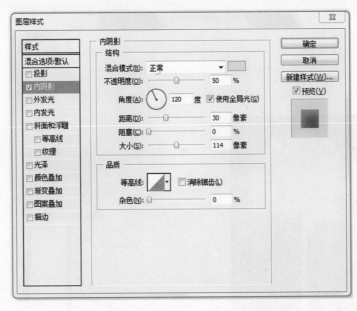

图 14-155　"图层 2""内阴影"图层样式

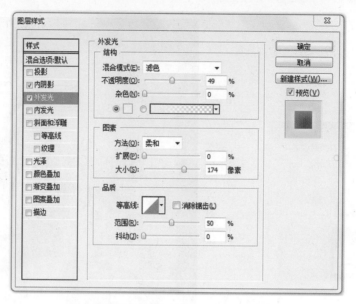

图 14-156　"图层 2""外发光"图层样式

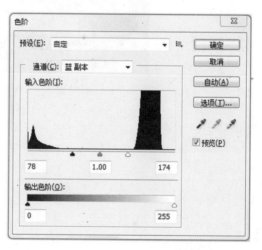

图 14-157　素材图片"花卉 2"　　　图 14-158　"蓝 副本"图层色阶调整　　　图 14-159　"蓝 副本"图层效果

　　(14) 在"蓝 副本"通道执行反相操作 (Ctrl+I)，然后单击【通道】面板下方"将通道作为选区载入"按钮 ，得到选区，效果如图 14-160 所示。回到【图层】面板中的"背景"图层，按 Ctrl+J 快捷键进行图形复制，得到"图层 1"花卉，关闭"背景"图层后，效果如图 14-161 所示。

图 14-160　反相选区　　　　　　　　图 14-161　"图层 1"选区内容

（15）用钢笔或套索工具减去"图层 1"内花以外的多余枝叶，然后将"图层 1"导入新建文档中，生成"图层 4"，置于顶层。按 Ctrl+T 快捷键缩放、旋转图形并放置到如图 14-162 所示位置。双击"图层 4"，弹出【图层样式】面板，分别将"内阴影"与"外发光"图层样式参数设置为如图 14-163 和图 14-164 所示，得到的效果如图 14-165 所示。

图 14-162　导入素材图片"图层 1"

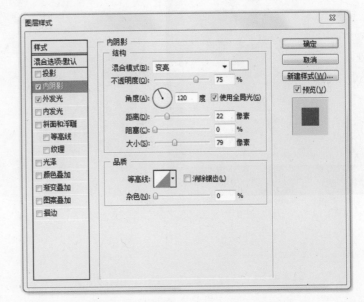

图 14-163　"图层 4""内阴影"图层样式

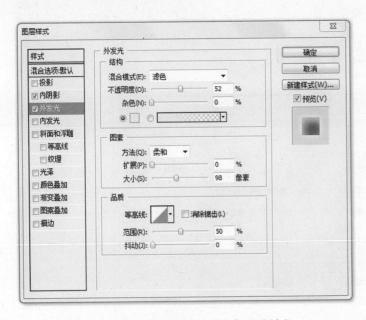

图 14-164　"图层 4""外发光"图层样式

图 14-165　花卉效果

（16）重复复制该图层，得到"图层 4 副本"与"图层 4 副本 2"，分别将这两个图层置于"图层 2"的前后，得到的效果如图 14-166 所示。

（17）打开素材图片"花卉 3"，直接使用魔棒工具，【容差】设置为 30。选择所有背景，如图 14-167 所示。按 Shift+Ctrl+I 快捷键反选后，按 Ctrl+J 快捷键复制选区，得到"图层 1"，效果

图 14-166　置入图层后效果

图 14-167　素材图片"花卉 3"

图 14-168　复制得到"图层 1"

如图 14-168 所示。

　　(18) 将"图层 1"移到新建文档中,生成"图层 5"。使用和"图层 4"相同的方法,将"图层 5"中图形缩小、旋转。打开【图层样式】面板,参数设置如图 14-169 和图 14-170 所示。然后复制"图层 5"两次,分别置于"人物图层"的前后,效果如图 14-171 和图 14-172 所示。

　　(19) 打开素材图片"建筑",导入新建文档中,生成"图层 6",缩小图形后放置到如图 14-173 所示位置。选择【反相】命令 (Ctrl+I),将图层模式改为"变亮",并在"图层 6"中增加一个图层蒙版,用黑色进行涂抹,得到的效果如图 14-174 和图 14-175 所示。

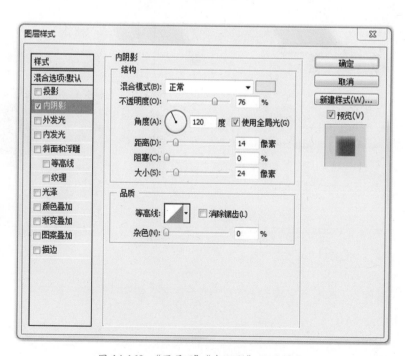

图 14-169　"图层 5""内阴影"图层样式

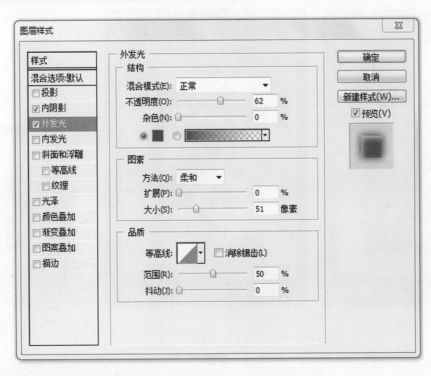

图 14-170 "图层 5""外发光"图层样式

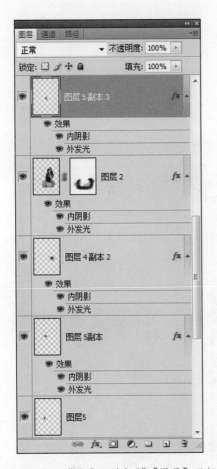

图 14-171 "图层 5 副本 3"【图层】面板

图 14-172 置入图层后效果

图 14-173 导入素材图片"图层 6"

图 14-174 反相"图层 6"

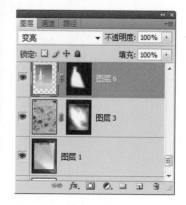

图 14-175 为"图层 6"增加蒙版

　　(20) 在"图层 6"上方增加一个调整图层,参数设置如图 14-176 所示,得到的效果如图 14-177 和图 14-178 所示。

　　(21) 新建"图层 7"、"图层 8",放置于人物图层的前后。载入花纹画笔,设置前景色为黄色 (R:255/ G:240/B:0)。选择不同花纹笔触分别在以上两个图层中绘制,效果如图 14-179 所示。

　　(22) 新建"图层 9"并置于顶层,用套索工具沿白纸边画出选区,然后填充径向渐变,颜色设置 如图 14-180 所示。由下往上斜角拉出渐变,设置图层模式为"叠加",【不透明度】选项值降低 为 20%,效果如图 14-181 所示。

　　(23) 为"图层 9"增加蒙版。选择钢笔工具,绘制出"夹子"的范围,如图 14-182 所示。保存路 径后,激活路径为选区,设置【羽化】值为 2,在蒙版内填充为黑色,效果如图 14-183 所示。

图 14-176 调整图层的"色相/饱和度"

图 14-177 调整图层后效果

图 14-178 "图层6"【图层】面板

图 14-179 增加花纹

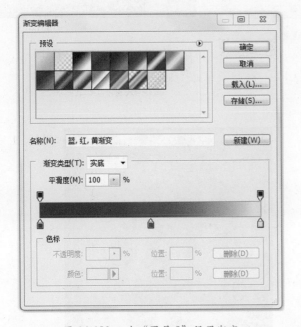

图 14-180 为"图层9"设置渐变

图 14-181 为"图层9"填充渐变

图 14-182 绘制"夹子"选区

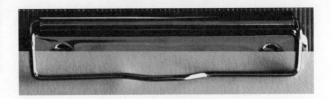

图 14-183 在蒙版内填充黑色

(24) 新建"图层10"并置于顶层,填充黄色(R:255/G:240/B:0),设置图层模式为"线性加深",将【不透明度】选项值设置为50%,增加蒙版,激活和"图层9"相同的路径,填充黑色,效果如图 14-184 所示。

（25）在图层最上方增加调整图层"色彩平衡"，参数设置如图 14-185 所示，得到的效果如图 14-186 所示。

 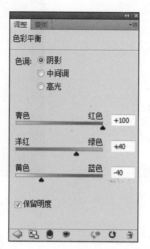 

图 14-184　分别填充图层效果　　　　　图 14-185　调整"色彩平衡"　　　图 14-186　调整"色彩平衡"后的效果

（26）继续在图层上方增加调整图层"色相／饱和度"，参数设置如图 14-187 所示。图层模式改为"饱和度"，得到的效果如图 14-188 所示。

图 14-187　调整"色相／饱和度"　　　　　　图 14-188　调整"色相／饱和度"后的效果

（27）按住 Shift 键选择所有图层，按 Ctrl+Alt+E 快捷键，得到"色相／饱和度 2（合并）"图层。将该图层去色（Ctrl+Shift+U），图层模式改为"柔光"，高斯模糊值为 8，【不透明度】选项值降低为 80%，得到最终效果如图 14-189 和图 14-190 所示。

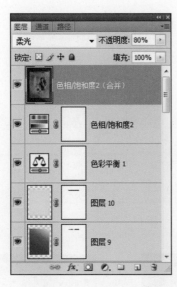

图 14-189　得到合并图层

图 14-190　最终效果

14.4　天黑请闭眼

（1）选择【文件】/【新建】命令（Ctrl+N），参数设置如图 14-191 所示。

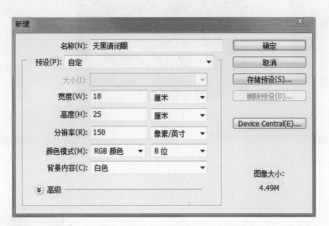

图 14-191　新建文件

（2）设置前景色为深褐色（R:42/G:18/B:2），填充为背景颜色，如图 14-192 和图 14-193 所示。

（3）选择【文件】/【打开】命令（Ctrl+O），打开素材图片"纹理 1"，如图 14-194 所示。将图片导入新建文档中，生成"图层 1"，并将"图层 1"的图层模式改为"叠加"，如图 14-195 和图 14-196 所示。

（4）选择"图层 1"，选择【滤镜】/【渲染】/【光照效果】命令，参数设置如图 14-197 所示，效果如图 14-198 所示。

（5）选择【文件】/【打开】命令（Ctrl+O）命令，打开素材图片"纹理 2"，如图 14-199 所示。将图片导入新建文档中，生成"图层 2"，将"图层 2"的图层模式改为"柔光"，并按 Ctrl+T 快捷键。调整图像大小以适合页面，如图 14-200 所示。

图 14-192 填充背景色

图 14-193 "背景"图层

图 14-194 "纹理1"素材图片

图 14-195 叠加后效果

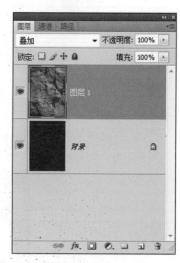

图 14-196 生成"图层1"

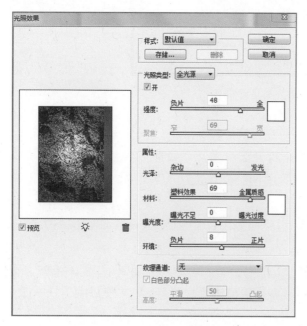

图 14-197 设置光照滤镜

图 14-198 光照效果

图 14-199　素材图片"纹理 2"

图 14-200　柔光后效果

（6）选择【文件】/【打开】命令（Ctrl+O），打开素材图片"人物"，如图 14-201 所示。将图片导入新建文档中，生成"图层 3"。选择魔棒工具，删掉白色背景，效果如图 14-202 所示。

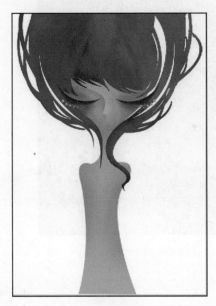

图 14-201　素材图片"人物"

图 14-202　素材移入背景

（7）按住 Ctrl 键并单击"图层 3"。激活"图层 3"内容为选区，选择【选择】/【修改】/【收缩】命令，参数设置如图 14-203 所示。选择【选择】/【反相】命令，按 Delete 键删除多余的白边部分，如图 14-204 所示。

（8）选择"图层 3"，按 Ctrl+J 快捷键进行复制，得到"图层 3 副本"。选择"图层 3 副本"，选择【滤镜】/【模糊】/【高斯模糊】命令，参数设置如图 14-205 所示。将"图层 3 副本"的图层模式改为"点光"，效果如图 14-206 所示。

（9）选择【文件】/【打开】命令（Ctrl+O），打开素材图片"纹理 3"，如图 14-207 所示。进入【通道】面板，选择蓝色通道进行复制，得到"蓝通道副本"。按 Ctrl+L 快捷键选择【色阶】命令，参数设置如图 14-208 所示，得到的效果如图 14-209 所示。按 Ctrl+I 快捷键选择【反相】命令，效果如图 14-210 所示。

图 14-203　收缩选区

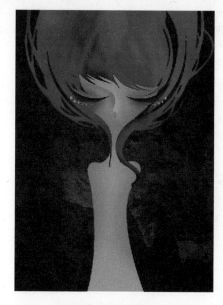

图 14-204　删除白边

图 14-205　"高斯模糊"参数

图 14-206　模糊效果

图 14-207　素材图片"纹理3"

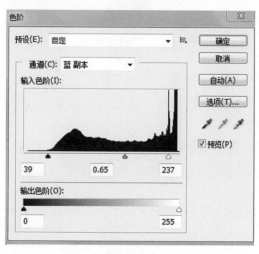

图 14-208　"蓝副本"图层的色阶调整

图 14-209 "蓝副本"图层的色阶效果

图 14-210 反相后效果

（10）单击【通道】面板下方"将通道作为选区载入"按钮◎，激活通道内选区。回到【图层】面板，按 Ctrl+J 快捷键复制出选区内容，如图 14-211 和图 14-212 所示。

图 14-211 激活选区

图 14-212 复制选区内容

（11）将"图层 1"移动到新建文件中，生成"图层 4"。按 Ctrl+T 快捷键缩小"图层 4"内容，并将"图层 4"的图层叠加模式改为"颜色减淡"，效果如图 14-213 ～ 图 14-215 所示。

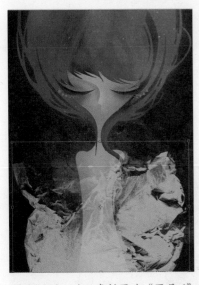

图 14-213 移入素材图片"图层 4"

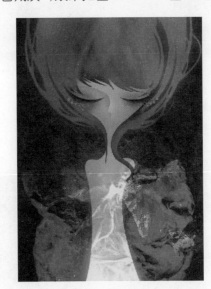

图 14-214 改变图层模式

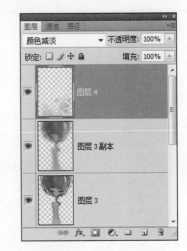

图 14-215 颜色减淡效果

（12）选择文字工具 T，设置颜色为黑色，字体为粗黑体，输入以下文字"天黑请闭眼"，效果如图 14-216 所示。用文字工具选择"黑"字，变大字号，并更换为粗黑字体。再缩小其他文字，效果如图 14-217 所示。

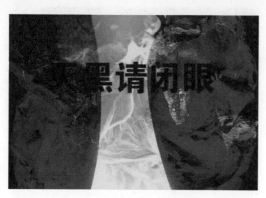

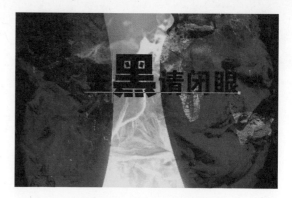

图 14-216　输入文字　　　　　　　　　　　　　　图 14-217　编辑文字

（13）在文字工具状态下，在状态栏选择创建"文字变形"按钮，在弹出的对话框中参数设置如图 14-218 所示，得到的效果如图 14-219 所示。

图 14-218　变形文字　　　　　　　　　　　　　　图 14-219　变形后效果

（14）双击文字图层，在弹出的【图层样式】对话框中选择"外发光"图层样式，参数设置如图 14-220 所示，得到的效果如图 14-221 所示。

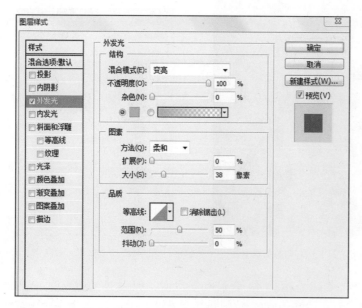

图 14-220　文字的"外发光"图层样式　　　　　　图 14-221　文字设置外发光效果

（15）设置文字颜色为黄色（R:255/G:180/B:0），继续输入文字"欢迎来到恐怖吧！"、"地址……"，排列如图 14-222 和图 14-223 所示。

图 14-222　继续输入文字

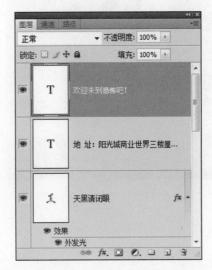

图 14-223　各文字【图层】面板

（16）设置文字颜色为蓝色（R:50/G:130/B:179），字体为古隶简体，输入竖式文字，如图 14-224 和图 14-225 所示。

图 14-224　输入背景文字

图 14-225　设置字体后【图层】面板

（17）右击栅格化"刺激"文字层，选择涂抹工具 对文字进行变形处理，如图 14-226 所示。继续输入其他文字，用相同的方法处理文字，如图 14-227 所示。

（18）同时按住 Shift 键与 Alt 键并单击四个文字图层，同时激活四个图层的选区。选择"图层 2"纹理，按 Ctrl+J 快捷键复制出选区内容并置于顶端，设置图层模式为"柔光"，效果如图 14-228 和图 14-229 所示。

（19）同时选择"图层 5"与四个文字图层，按 Ctrl+E 快捷键合并图层，将合并后的文字置于"图层 3"人物下方，效果如图 14-230 和图 14-231 所示。

（20）复制"图层 5"，得到"图层 5 副本"。选择【滤镜】/【模糊】/【动感模糊】命令，参数设置如图 14-232 所示。将图层的叠加模式改为"颜色减淡"，效果如图 14-233 所示。

图 14-226　涂抹文字

图 14-227　制作其他文字

图 14-228　复制背景中文字选区内容

图 14-229　设置"柔光"【图层】面板

图 14-230　合并图层

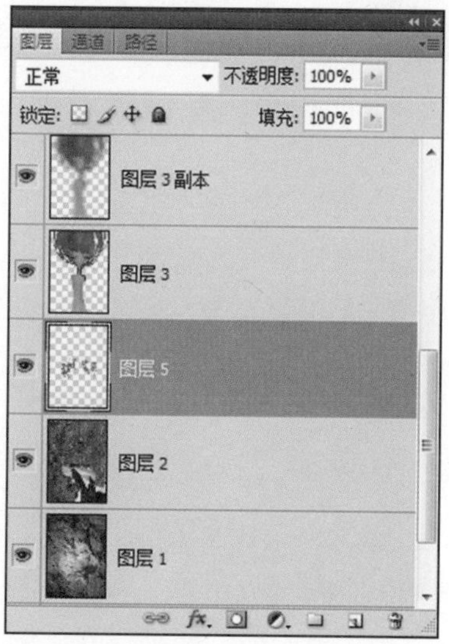

图 14-231　"图层 5"置于"图层 3"下方

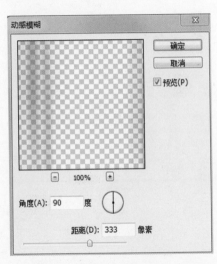

图 14-232　设置"动感模糊"参数

图 14-233　最终效果

第五篇　图像处理中的效果添加——特效制作

第15章

通道及蒙版的应用

学习目标

- 掌握 Photoshop CS4 中通道的应用
- 掌握 Photoshop CS4 中蒙版的应用

15.1　通道的应用

15.1.1　认识通道面板

1.　通道概念

通道用于存储颜色数据和选区,在 Photoshop CS4 中有很重要的作用。例如,一幅 RGB 的图像,像素由 3 种不同比例的颜色混合而成,在【通道】面板中,它们的数据将分为 3 个通道进行保存,分别为红、绿、蓝。如果是一幅 CMYK 的图像,在【通道】面板中将会分为 4 个通道进行保存。在进行图像编辑时,可以在任意通道进行图像处理,但改变其中任何一个通道颜色数据,都会影响主通道的颜色,以此达到丰富的图像效果。

通道还可以用于保存选区。在图像中确定一个选取范围,可以在【通道】面板中进行保存,将选区作为一个蒙版保存到新建通道中,生成 Alpha 通道,这样可以进行编辑、隔离和保护图像的特定部分。

2.　通道的分类

通道分为颜色通道、Alpha 通道和专色通道 3 种。

- 颜色通道:用于保存图像颜色信息,单个颜色通道是以灰度图像来显示的。
- Alpha 通道:通过创建 Alpha 通道,可以保存和编辑图像的选区。在 Alpha 通道中,同样是以灰度显示,黑色部分表示选择的图像,白色部分表示完全选择的图像区域,灰色部分表示过渡选择区域。
- 专色通道:用户还可以根据需要创建专色通道。专色通道也可以进行单独的编辑和处理。在添加了专业通道后必须将图像转换为多通道模式。

3.　认识通道面板

选择【窗口】/【通道】命令,可以打开【通道】面板,如图 15-1 所示。

- 通道缩略图:显示各个通道中所包含的通道缩略效果。
- 通道名称:显示通道的名称,可以对其进行重命名。
- 眼睛图标 ：单击眼睛图标 ,可以隐藏或显示相应通道。
- 快捷按钮:单击按钮 ,可以弹出快捷菜单。
- Alpha 通道:Alpha 通道是特殊通道,主要用于保存编辑的选区。
- 快捷图标:单击按钮 ,可以将通道作为选区载入;单击按钮 ,可以将创建的选区存储为通道;单击 按钮,可以创建新通道;单击按钮 ,可以将所选择的通道进行删除。

15.1.2　通道的基本操作

1.　新建通道

在【通道】面板中,单击面板底部的【创建新通道】按钮 ,可创建以新通道,默认名为 Alpha 通道。双击该新建通道,弹出【通道选项】面板,可以进行选项设置,如图 15-2 所示。

图 15-1　【通道】面板

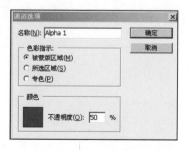

图 15-2　新建通道

- 名称：在该文本框中可以为新通道命名。

- 被蒙版区域：选择该项，新建通道中有颜色的区域代表被遮盖的范围，无颜色的区域为选取范围。

- 所选区域：选择该项，新建通道中无颜色的区域代表被遮盖的部分，有颜色的区域为选取范围。

- 颜色：可选择用于蒙版的颜色。

- 不透明度：可以设置颜色的不透明度，默认的不透明度为 50%。

2. 复制通道

复制的通道可以是颜色通道、Alpha 通道或是专色通道。方法为直接将所选择通道拖到面板下方"创建新通道"按钮 上即可。

3. 删除通道

直接将所选择通道拖到面板下方的按钮 上，即可删除通道。

15.2 蒙版的应用

15.2.1 认识蒙版面板

1. 蒙版的概念

蒙版用于保护图像的选区，被蒙版遮蔽的区域不会受到编辑操作的影响。在蒙版中进行操作和编辑后，可以转换为选区应用到图像中。在选取过程中，蒙版还可以将部分图像处理为透明或半透明效果。蒙版工具在图像合成中应用也十分广泛。

2. 蒙版的分类

蒙版分为 3 种类型，分别为快速蒙版、图层蒙版和矢量蒙版。

- 快速蒙版：快速蒙版是一种临时的蒙版，利用快速蒙版可以对选区进行修改。

- 图层蒙版：图层蒙版附加在目标图层上，用于控制图层中的部分区域是隐藏还是显示。

- 矢量蒙版：通过路径工具创建图形，从而在图像中形成具有特殊形状的蒙版。

3. 认识蒙版面板

选择【窗口】/【蒙版】命令，可以打开【蒙版】面板，如图 15-3 所示。

选择添加的蒙版类型，包含添加像素蒙版和矢量蒙版两种类型。

图 15-3 【蒙版】面板

- 浓度：设置蒙版区域的透明效果，数值越小，蒙版效果越透明。

- 羽化：设置蒙版区域的羽化数值。

- 调整：设置蒙版区域色彩范围以及蒙版边缘的羽化数值。

- 蒙版边缘：设置蒙版的边缘效果。

- 颜色范围：设置蒙版颜色的取样范围。

- 反相：可以将设置的蒙版效果进行反相处理。

- 相关快捷按钮：单击按钮 ，可以从蒙版中载入选区；单击 按钮，可以将设置的蒙版效果应用于图层；单击按钮 ，可以停用或启用蒙版；单击 按钮，可以删除蒙版。

15.2.2 蒙版的基本操作

1. 创建蒙版

创建蒙版有以下 4 种方法。

- 在【图层】面板中单击按钮 ，在【通道】面板中将产生层蒙版。

- 在【通道】面板中单击"将选区存储为通道"按钮，可将选区存储为通道蒙版。

- 在图像中绘制选区,选择【选择】/【存储选区】命令,单击【确定】按钮,可创建蒙版,并在【通道】面板中显示。
- 在【通道】面板中新建 Alpha 通道,使用绘图工具在图像中进行编辑,也将产生蒙版。

2. 创建快速蒙版

在图像中创建选区,单击工具箱中的"以快速蒙版模式编辑"按钮[○],可进入快速蒙版状态,使用画笔等工具可以对图像选区进行修改,修改完成后再次单击"以快速蒙版模式编辑"按钮,可切换到选区正常编辑模式,如图 15-4 所示。

图 15-4　以快速蒙版模式编辑

在对快速蒙版进行编辑时,主要应用画笔工具对蒙版进行涂抹调整。可以设置画笔的硬度、大小。画笔的颜色决定蒙版的不透明度,当使用白色时,蒙版为 0%【不透明】(即全透明),表示增加原选区的大小;用黑色时,为 100%【不透明】,表示减小原选区的大小;使用其他颜色时,蒙版以该颜色的灰阶值确定不透明度。

15.3　习题

1. 填空题

（1）通道分为_____、_____和_____3 种。

（2）用于保存图像颜色信息,单个颜色通道是以灰度图像来显示的是 _____通道。

（3）蒙版分为_____、_____和_____3 种。

（4）通过路径工具创建图形在图像中形成具有特殊形状的蒙版叫_____。

2. 选择题

（1）在 Photoshop CS4 中（　　）通道名称不正确。

　　A. 颜色通道　　　B. Alpha 通道　　　C. 专色通道　　　D. 单色通道

（2）Alpha 通道最主要的用途是（　　）。

　　A. 保存图像色彩信息

　　B. 保存图像修改前的状态

　　C. 用来存储和建立选区范围

3. 思考题

（1）在 Photoshop CS4 中,通道的主要作用是什么?

（2）如何使用快速蒙版工具创建选区?

第16章

滤镜的使用

学习目标

- 熟悉并掌握 Photoshop CS4 中各类滤镜效果
- 掌握 Photoshop CS4 中滤镜的使用方法

16.1　滤镜的基本使用方法

在 Photoshop CS4 中,选择【滤镜】菜单栏中的相关命令,可以看到该菜单栏内为用户提供了近 100 种滤镜,如图 16-1 所示。

图 16-1　【滤镜】菜单栏中的相关命令

使用这些滤镜可以制作出很多不同视觉感受的艺术效果,是 Photoshop CS4 图像编辑重要的工具。使用滤镜时,应注意以下几点。

(1) 滤镜只能运用于当前并且是可视的图层。

(2) 滤镜不能应用于位图模式和索引颜色模式。

(3) 某些滤镜只能应用于 RGB 图像和 16 位通道的图像。

(4) 使用滤镜过程中,会占用大量内存,可以使用预览视图或者关闭多余的应用程序,以提供更多的内存用于运算,从而可节约时间。

(5) 反复选择同一【滤镜】命令,可以使用快捷键 Ctrl+F。

(6) 文本图层和形状图层不能直接运用【滤镜】相关命令,需先转换为普通图层。

16.2　各类滤镜的特殊效果

1.【液化】滤镜

【液化】滤镜可以将物体转化为液体的形态,使图像产生多种液化样式的效果,如图 16-2 所示。

图 16-2　【液化】滤镜效果

2.【消失点】滤镜

【消失点】滤镜允许在包含透视平面的图像中进行透视校正编辑。

3.【风格化】滤镜

【风格化】滤镜通过查找图像中高对比的像素,来加强边缘轮廓,产生强烈的凹凸效果或边缘效果,如图 16-3 所示。

4.【画笔描边】滤镜

【画笔描边】滤镜可以制作各种线条的绘图效果,以及制作手绘的效果,如图 16-4 所示。

(a) 原图

(b) 【查找边缘】效果

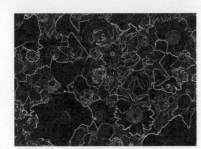
(c) 【照亮边缘】效果

图 16-3 【风格化】滤镜效果

(a) 原图

(b) 【阴影线】效果

(c) 【深色线条】效果

图 16-4 【画笔描边】滤镜效果

5. 【模糊】滤镜

【模糊】滤镜通过将图像中对比清晰的邻近像素平均而产生平滑的过渡效果,如图 16-5 所示。

(a) 原图

(b) 【动感模糊】效果

(c) 【高斯模糊】效果

图 16-5 【模糊】滤镜效果

6. 【扭曲】滤镜

【扭曲】滤镜可以使图像产生扭曲、变形的效果,如图 16-6 所示。

7. 【锐化】滤镜

【锐化】滤镜效果与【模糊】滤镜相反,是通过增加相邻像素之间的对比使图像变得清晰。

8. 【视频】滤镜

【视频】滤镜用于从摄像机中输入图像或将图像输出到录像带上。

(a) 原图   (b) 【球面化】效果   (c) 【波浪】效果

图 16-6 【扭曲】滤镜效果

9. 【素描】滤镜

【素描】滤镜是通过给图像增加纹理的方式,模拟素描、速写等效果,如图 16-7 所示。

(a) 原图   (b) 【半调图案】效果   (c) 【水彩画笔】效果

(d) 【网状】效果   (e) 【影印】效果   (f) 【图章】效果

图 16-7 【素描】滤镜效果

10. 【纹理】滤镜

【纹理】滤镜可以为图像添加外观结构,使图像具有肌理质感,如图16-8所示。

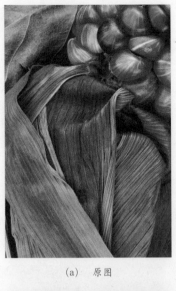

(a) 原图

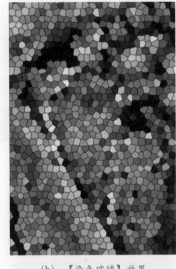

(b) 【染色玻璃】效果

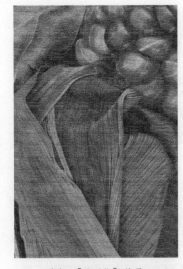

(c) 【纹理化】效果

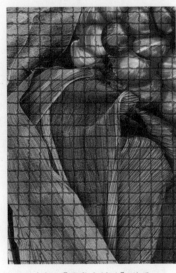

(d) 【马赛克拼贴】效果

(e) 【拼缀图】效果

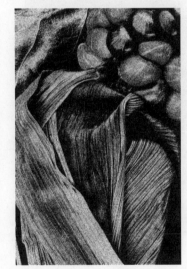

(f) 【颗粒】效果

图 16-8 【纹理】滤镜效果

11. 【像素化】滤镜

【像素化】滤镜通过单元格中颜色值相近的像素结成块来定义一个选区,如图16-9所示。

(a) 原图

(b) 【铜版雕刻】效果

(c) 【晶格化】效果

图 16-9 【像素化】滤镜效果

12. 【渲染】滤镜

【渲染】滤镜主要作用是在图像中创建 3D 形状、云彩图案、模拟光反射灯效果，如图 16-10 所示。

(a) 原图　　　　　　　　(b) 【光照效果】效果　　　　　　(c) 【镜头光晕】效果

图 16-10　【渲染】滤镜效果

13. 【艺术效果】滤镜

【艺术效果】滤镜可以制作各种绘画艺术效果，如图 16-11 所示。

(a) 原图　　　　　　　　(b) 【干笔画】效果　　　　　　(c) 【彩色铅笔】效果

(d) 【粗糙蜡笔】效果　　　　　(e) 【木刻】效果　　　　　　(f) 【霓虹灯光】效果

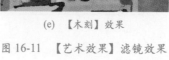

图 16-11　【艺术效果】滤镜效果

14. 【杂色】滤镜

【杂色】滤镜可以向图像中添加杂点或移去图像中的杂点,如图 16-12 所示。

(a) 原图   (b) 【添加杂色】效果   (c) 【中间值】效果

图 16-12 【杂色】滤镜效果

15. 【其他】滤镜

【其他】滤镜包括高反差保留、位移、最大值、最小值、自定等滤镜效果。

16.3 习题

1. 填空题

(1) 如果一张照片的扫描结果不够清晰,可用_____滤镜。

(2) 当图像是_____模式时,所有的滤镜都可以使用。

2. 选择题

(1) 下面 (   ) 滤镜只对 RGB 图像起作用。

    A. 马赛克　　　　B. 光照效果　　　　C. 波纹　　　　D. 浮雕效果

(2) 下列关于滤镜的操作原则 (   ) 是不正确的。

    A. 滤镜不仅可用于当前可视图层,对隐藏的图层也有效

    B. 不能将滤镜应用于位图模式(Bitmap)或索引颜色(Index Color)的图像

    C. 有些滤镜只对 RGB 图像起作用

    D. 某些滤镜只能应用于 RGB 图像和 16 位通道的图像

(3) 有些滤镜效果可能占用大量内存,特别是应用于高分辨率的图像时。以下 (   ) 方法可提高工作效率。

    A. 先在一小部分图像上试验滤镜和设置

    B. 如果图像很大,且有内存不足的问题时,可将效果应用于单个通道(例如应用于每个 RGB 通道)

    C. 在运行滤镜之前先使用【清除】命令释放内存

D. 将更多的内存分配给 Photoshop CS4。如果需要,可将其他应用程序中退出,以便为 Photoshop CS4 提供更多的可用内存

E. 尽可能多地使用暂存盘和虚拟内存

3. 思考题

(1) 使用哪些滤镜可以使图像得到类似于油画的绘画效果?

(2) 在使用滤镜进行图像处理时,应注意哪些问题?

第17章

"特效制作" 篇案例演示

学习目标

- 熟练掌握通道与蒙版的运用
- 练习常见特殊效果的案例制作

17.1 哈利波特

（1）选择【文件】/【新建】命令（Ctrl+N），参数设置如图 17-1 所示。

图 17-1 新建文件

（2）导入素材图片，生成"图层 1"，按 Ctrl+T 快捷键调整图像以适应文档背景大小，如图 17-2 和图 17-3 所示。

图 17-2 导入素材图片

图 17-3 素材对应的【图层】面板

（3）选择"图层 1"，选择【图像】/【调整】/【色相/饱和度】命令（Ctrl+U），参数设置如图 17-4 所示。然后选择【图像】/【调整】/【色阶】命令（Ctrl+L），参数设置如图 17-5 所示。最后选择【图像】/【调整】/【色彩平衡】命令（Ctrl+B），参数设置如图 17-6 所示，效果如图 17-7 所示。

（4）选择"图层 1"，选择【滤镜】/【模糊】/【表面模糊】命令，参数设置如图 17-8 所示，效果如图 17-9 所示。

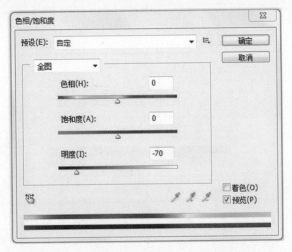

图 17-4 【色相/饱和度】对话框参数设置

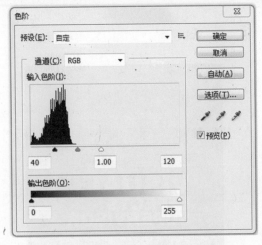

图 17-5 【色阶】对话框参数设置

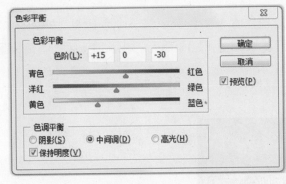

图 17-6 【色彩平衡】对话框参数设置

图 17-7 调整后效果

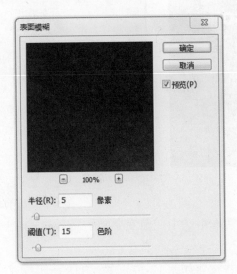

图 17-8 【表面模糊】对话框参数设置

图 17-9 【表面模糊】效果

（5）选择文字输入工具 ，选择一个粗黑字体，分别在两个文字图层输入如图 17-10 所示文字，调整文字的大小与间距，效果如图 17-11 所示。

图 17-10　输入文字

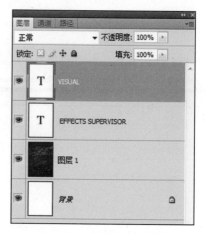

图 17-11　添加文字图层

（6）选择 VISUAL 文字图层，右击栅格化文字。使用套索工具选中第一个字母 V，按 Ctrl+T 快捷键放大图形，按住 Ctrl 键对字母 V 进行扭曲变形，效果如图 17-12 所示。应用变化后，调整位置，同时选择两个文字图层，按 Ctrl+E 快捷键，合并两个文字图层，重命名为"文字"，效果如图 17-13 和图 17-14 所示。

图 17-12　变形文字 V

图 17-13　合并图层

图 17-14　合并文字图层

（7）双击"文字"图层，在弹出的【图层样式】对话框中选中"渐变叠加"图层样式，参数设置如图 17-15 和图 17-16 所示。

（8）选中【图层样式】面板中"描边"图层样式，参数设置如图 17-17 和图 17-18 所示。

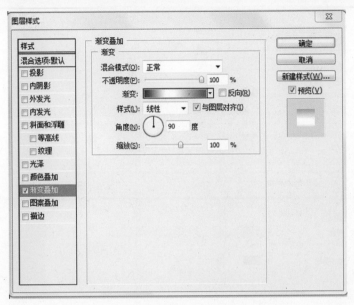

图 17-15 【渐变叠加】图层样式

图 17-16 设置【渐变叠加】图层样式渐变参数

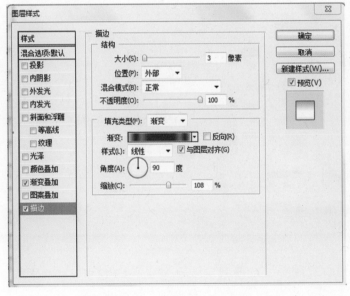

图 17-17 【描边】图层样式

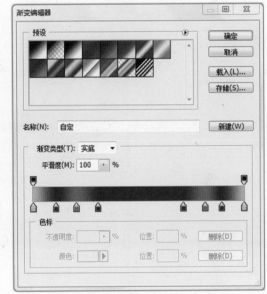

图 17-18 设置【描边】图层样式的渐变参数

(9) 选中【图层样式】面板中【斜面和浮雕】、【投影】图层样式,参数设置如图 17-19 和图 17-20 所示,最终效果如图 17-21 和图 17-22 所示。

(10) 打开素材图片"城堡",使用魔棒、套索工具取出城堡中间部分,使用移动工具将它移至新建文档中,生成"图层 2",效果如图 17-23 和图 17-24 所示。为"图层 2"增加蒙版,设置前景色为黑色,设置柔角画笔,在蒙版内进行涂抹,使城堡的下方和背景自然融合,效果如图 17-25 所示。

(11) 选择"图层 2",选择【编辑】/【变换】/【变形】命令,效果如图 17-26 所示,按 Enter 键应用效果。

(12) 选择【图像】/【调整】/【色阶】命令(Ctrl+L),参数设置如图 17-27 所示,效果如图 17-28 所示。

(13) 新建"图层 3",置于"图层 2"上方,选择椭圆选框工具绘制一个圆,设置前景色为白色,在选区内选择渐变工具,由上而下拉出白色到透明的径向渐变,效果如图 17-29 所示。

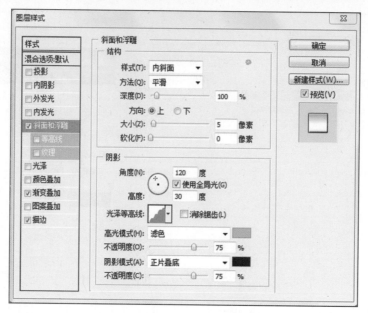

图 17-19 "斜面和浮雕"图层样式

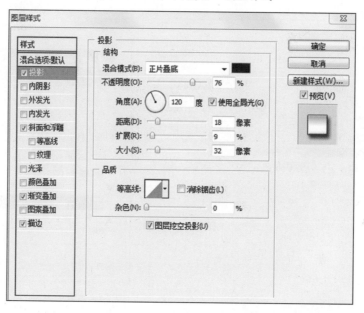

图 17-20 "投影"图层样式

图 17-21 设置后效果

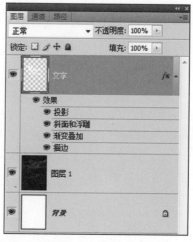

图 17-22 在"文字"图层中设置效果

图 17-23 "城堡"素材图片

图 17-24 移入"城堡"

图 17-25 为"城堡"增加蒙版

图 17-26 变形"城堡"

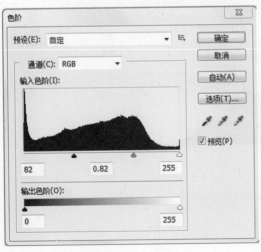

图 17-27 色阶参数设置

图 17-28 色阶效果

图 17-29 绘制圆形并设置渐变

（14）在"图层 3"上继续绘制圆形选区，如图 17-30 所示。按 Shift+E6 快捷键，在弹出的【羽化】对话框中，设置【羽化】值为 100，然后按 Delete 键清除选区内容，效果如图 17-31 所示。

图 17-30　建立选区

图 17-31　删除多余内容

（15）复制"图层 3"。选择"图层 3 副本"，选择【滤镜】/【模糊】/【高斯模糊】命令，参数设置如图 17-32 所示，效果如图 17-33 所示。

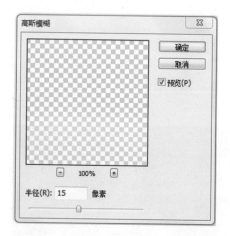

图 17-32　为"图层 3"设置【高斯模糊】

图 17-33　"图层 3"高斯模糊效果

（16）打开素材图片，如图 17-34 所示。进入通道，选择红色通道进行复制，在"红 副本"中，按 Ctrl+L 快捷键选择【色阶】命令，参数设置如图 17-35 所示。

图 17-34　打开素材图片

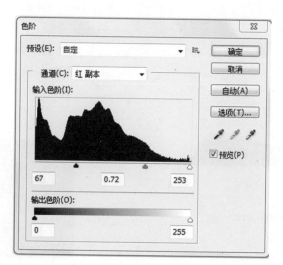

图 17-35　素材的色阶调整

（17）激活"红 副本"选区,回到【图层】面板,按 Ctrl+J 快捷键,得到选区内容,效果如图 17-36 和图 17-37 所示。

图 17-36　激活通道

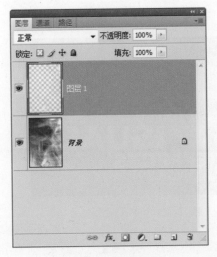

图 17-37　复制选区内容

（18）将"图层 1"移到新建文档中,生成"图层 4"。按 Ctrl+T 快捷键旋转、缩小图形,如图 17-38 所示。为"图层 4"设置蒙版,遮挡住多余部分,效果如图 17-39 所示。

图 17-38　导入"图层 1"素材图片

图 17-39　为"图层 4"增加蒙版

（19）将"图层 4"的图层模式改为【滤色】。复制"图层 4",【不透明度】选项值降低为 60%,效果如图 17-40 和图 17-41 所示。

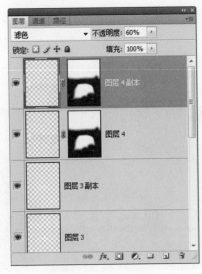

图 17-40　复制"图层 4"

图 17-41　降低不透明度后的效果

（20）新建"图层5"，选择钢笔工具，同时按住 Shift 键在文字上方绘制长、短不一的路径，如图 17-42 所示。设置画笔为 5 像素，进入【路径】面板，右击并选择【描边】子路径，再选中【模拟压力】选项，效果如图 17-43 所示。

图 17-42　绘制直线路径

图 17-43　描边子路径

（21）选择"图层5"，选择【滤镜】/【模糊】/【高斯模糊】命令，参数设置如图 17-44 所示，效果如图 17-45 所示。

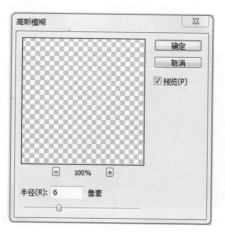

图 17-44　为"图层5"设置高斯模糊

图 17-45　"图层5"高斯模糊效果

（22）继续选择"图层5"，选择【滤镜】/【模糊】/【动感模糊】命令，参数设置如图 17-46 所示，效果如图 17-47 所示。

图 17-46　为"图层5"设置动感模糊

图 17-47　"图层5"动感模糊效果

（23）复制"图层 5"，得到"图层 5 副本"。选择【滤镜】/【模糊】/【动感模糊】命令，参数设置如图 17-48 所示，效果如图 17-49 所示。

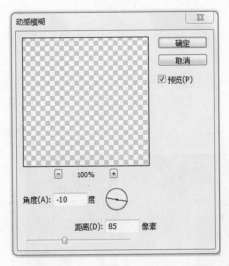

图 17-48　为"图层 5 副本"设置动感模糊

图 17-49　"图层 5 副本"动感模糊效果

（24）分别复制"图层 5"与"图层 5 副本"，放置在文字周围不同的位置。按 Ctrl+T 快捷键改变线条的长短。合并"图层 5"及所有副本，将图层模式改为"柔光"，效果如图 17-50 和图 17-51 所示。

图 17-50　合并"图层 5"及所有副本

图 17-51　合并图层后效果

（25）新建"图层 6"，选择椭圆选框工具并在文字上方绘制一个圆，如图 17-52 所示。选择【滤镜】/【模糊】/【高斯模糊】命令，设置【模糊】数值为 40，效果如图 17-53 所示。

图 17-52　在"图层 6"绘制形状

图 17-53　"图层 6"高斯模糊效果

（26）复制"图层6"，将模糊后的圆分别放置在文字的不同位置，效果如图17-54所示。

（27）继续复制"图层6"，并将圆形移动到"城堡"上方，按Ctrl+T快捷键放大圆形，设置图层模式为"叠加"，效果如图17-55和图17-56所示。

（28）新建"图层7"，选择一个柔角画笔，在"图层7"上进行绘制小光点，可通过放大或缩小画笔、合层与复制而得到图形，效果如图17-57所示。

（29）新建"图层8"，选择渐变填充（可在【渐变编辑器】对话框中直接载入蜡笔效果，选择渐变颜色），如图17-58所示。将图层模式改为"颜色加深"，【填充】选项值降低为30%，最终效果如图17-59所示。

图 17-54 复制"图层6"

图 17-55 继续复制"图层6"

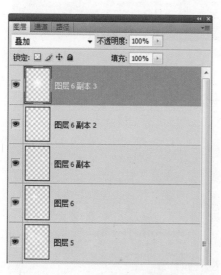

图 17-56 "叠加"【图层】面板

图 17-57 绘制小光点

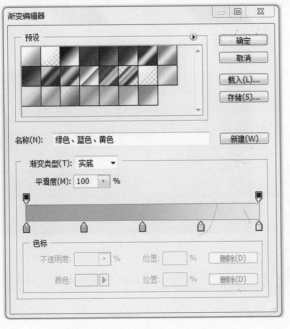

图 17-58　为"图层 8"设置渐变

图 17-59　最终效果

17.2　眼睛特效

(1) 选择【文件】/【打开】命令，打开素材图片，如图 17-60 所示。

(2) 选择【滤镜】/【模糊】/【径向模糊】命令，设置如图 17-61 所示，效果如图 17-62 所示。

(3) 选择【滤镜】/【上次滤镜效果】命令，效果如图 17-63 所示。

(4) 选择【图像】/【调整】/【色阶】命令，参数设置如图 17-64 所示，效果如图 17-65 所示。

图 17-60　素材图片

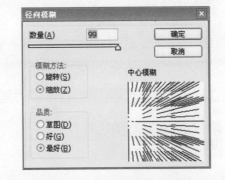

图 17-61　【径向模糊】对话框

图 17-62　径向模糊效果

图 17-63　重复径向模糊

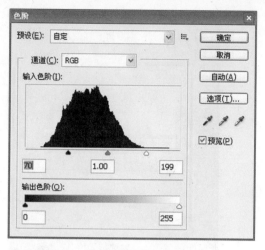

图 17-64　色阶调整

图 17-65　色阶调整效果

（5）选择【滤镜】/【扭曲】/【旋转扭曲】命令，参数设置如图 17-66 所示，效果如图 17-67 所示。

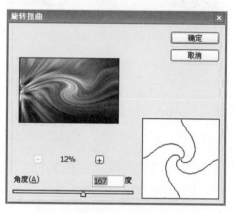

图 17-66　【旋转扭曲】对话框

图 17-67　旋转扭曲效果

（6）新建"图层 2"，调整图层顺序至下方。选择工具栏中的渐变工具，在【渐变编辑器】对话框中的设置如图 17-68 所示，得到绿色到黑色的渐变效果，如图 17-69 所示。

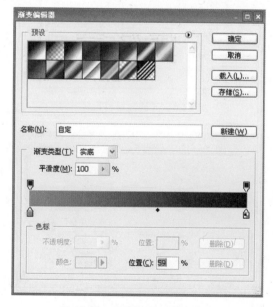

图 17-68　设置绿色到黑色渐变

图 17-69　填充渐变效果

（7）选择"图层1"，再选择【编辑】/【变换】/【斜切】命令，调整"图层1"中图像的位置及形状，效果如图17-70所示。

（8）选择钢笔工具，绘制路径，选择【路径】面板中的【将路径转换为选区】命令，删去多余区域，效果如图17-71所示。

图17-70 变形"图层1"

图17-71 删除多余区域

（9）选择"图层1"，调整【图层】面板中的图层混合模式为"强光"，如图17-72所示，效果如图17-73所示。

图17-72 改变图层混合模式

图17-73 改为"强光"后效果

（10）在【图层】面板中选择"图层1"，添加图层蒙版效果，如图17-74所示，效果如图17-75所示。

图17-74 为"图层1"增加蒙版

图17-75 添加图层蒙版后的效果

（11）多次复制"图层1"，选择【编辑】/【变换】/【斜切】命令，分别调整图形位置及形状，如图17-76所示，效果如图17-77所示。

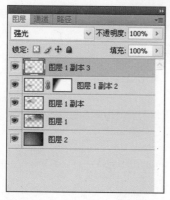

图 17-76 多次复制"图层 1"

图 17-77 调整不同图层位置

（12）在【通道】面板中选择并复制红色通道。利用通道选择亮色部分作为选区，如图 17-78 所示。

（13）新建图层，将选区填充为黑色，设置图层混合模式为"强光"。选择【编辑】/【变换】/【斜切】命令，调整图形位置及形状，如图 17-79 所示，效果如图 17-80 所示。

图 17-78 复制通道

图 17-79 改变图层混合模式为"强光"

图 17-80 调整位置及形状后效果

（14）新建"图层 4"。选择钢笔工具，绘制眼珠部分，如图 17-81 所示。在【图层】面板中设置图层混合模式为"正片叠底"，如图 17-82 所示，效果如图 17-83 所示。

（15）新建"图层 5"。选择钢笔工具，绘制图形，填充为黑色，如图 17-84 所示。

（16）在【图层样式】面板中选择"内发光"选项，如图 17-85 所示，效果如图 17-86 所示。

图 17-81 绘制眼珠

图 17-82 改变图层混合模式为【正片叠底】

图 17-83 改变图层混合模式为"正片叠底"后的效果

图 17-84 绘制图形并填充黑色

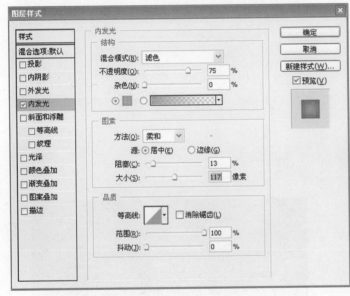

图 17-85 【内发光】图层样式

图 17-86 设置【内发光】后的效果

(17) 新建"图层 6"。选择钢笔工具,绘制图形,填充为淡绿色,如图 17-87 所示。

(18) 选择【滤镜】/【模糊】/【高斯模糊】命令,参数设置如图 17-88 所示,效果如图 17-89 所示。

(19) 复制"图层 5 副本",选择【编辑】/【变换】/【缩放】命令,调整图形,效果如图 17-90 所示。

图 17-87 绘制图形并填充淡绿色

图 17-88 选择【高斯模糊】命令

图 17-89　对眼珠模糊效果

图 17-90　复制"图层 5 副本"

（20）新建"图层 7"，在工具箱中选择多边形工具，参数设置如图 17-91 所示。再绘制图形，效果如图 17-92 所示。

（21）在工具箱中选择套索工具，删去多余线条，如图 17-93 所示。

| ◯ ▾ | □ ⬚ □ | ✎ ⌗ □ ○ ◯ ◯ ╲ ⌖ ▾ | 边: 80 | 模式: 正常 ▾ | 不透明度: 100% ▸ | ☑消除锯齿 |

图 17-91　多边形工具参数设置

图 17-92　绘制发射状线条

图 17-93　删除多余线条

（22）新建"图层 8"，反复运用钢笔工具，绘制眼睛瞳孔部分细节，效果如图 17-94 ～ 图 17-96 所示。

（23）添加文字及装饰效果，最终效果如图 17-97 所示。

图 17-94　绘制高光

图 17-95　复制"图层 8"

图 17-96 改变图层叠加模式

图 17-97 最终效果

17.3 淡彩效果

（1）选择【文件】/【打开】命令（Ctrl+O），打开素材图片，如图 17-98 所示。

（2）选择"背景"图层，按 Ctrl+J 快捷键复制"背景"图层，得到"图层 1"。选择【图像】/【调整】/【色阶】命令，参数设置如图 17-99 所示，效果如图 17-100 所示。

（3）进入【通道】面板，选择"蓝色"通道并进行复制，得到"蓝 副本"通道。选择"蓝 副本"通道，选择【图像】/【调整】/【色阶】命令，参数设置如图 17-101 所示，效果如图 17-102 所示。

图 17-98 素材图片

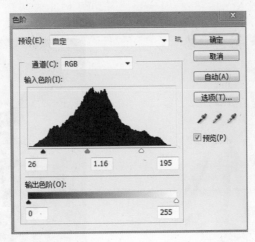

图 17-99 "背景"图层的色阶调整

图 17-100 "背景"图层的色阶调整效果

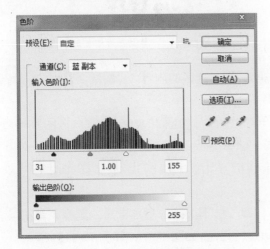

图 17-101 "蓝 副本"通道色阶调整

图 17-102 "蓝 副本"通道色阶调整效果

（4）选择"蓝 副本"通道，再选择【滤镜】/【艺术效果】/【海报边缘】命令，参数设置如图 17-103 所示，效果如图 17-104 所示。

图 17-103 【海报边缘】参数设置　　　　图 17-104 【海报边缘】参数设置后的效果

（5）选择"蓝 副本"通道，再选择【图像】/【调整】/【反相】命令，如图 17-105 所示。选择【通道】面板中"将通道作为选区载入"按钮 ，得到的选区如图 17-106 所示。

图 17-105 反相　　　　　　　　　　图 17-106 激活通道选区

（6）进入【图层】面板，选择"图层 1"，按 Ctrl+J 快捷键，复制选区的内容为"图层 2"。关掉"背景"图层与"图层 1"图层，显示如图 17-107 和图 17-108 所示。

（7）选择【文件】/【打开】命令（Ctrl+O），打开素材图片，如图 17-109 所示。将图片移到人物文档中，并置于"图层 2"下方，效果如图 17-110 和图 17-111 所示。

（8）选择"图层 2"，按 Ctrl+T 快捷键，并按住 Shift 键等比例缩小图片，放置在如图 17-112 和图 17-113 所示位置。

（9）单击【图层】面板下方"为图层增加蒙版"按钮 ，为"图层 2"增加蒙版。选择画笔工具，设置为"柔角"，前景色为黑色，在蒙版图层沿人物身体边缘进行绘制，如图 17-114 和图 17-115 所示。

图 17-107　复制选区的内容

图 17-108　"图层 2"【图层】面板

图 17-109　打开素材图片

图 17-110　移入背景

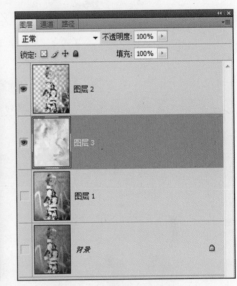

图 17-111　"图层 3"【图层】面板

图 17-112　缩小人物

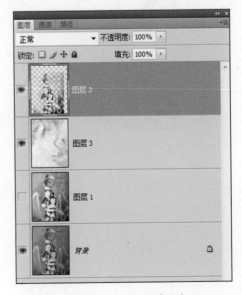

图 17-113　调整图层顺序

第 17 章　特效制作——篇案例演示

图 17-114　为"图层 2"添加蒙版

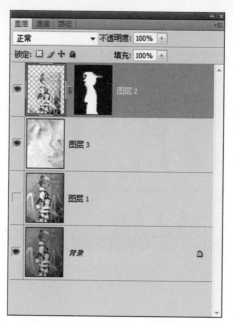

图 17-115　虚化人物边缘

（10）选择"图层 2"，按 Ctrl+J 快捷键进行复制，得到"图层 2 副本"。增加人物线绘制的效果，在"图层 2 副本"的蒙版中，遮挡头的区域，效果如图 17-116 和图 17-117 所示。

图 17-116　复制"图层 2"

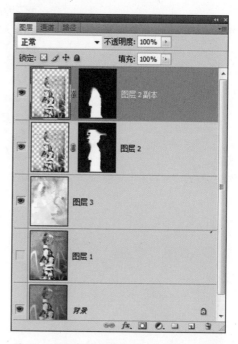

图 17-117　在"图层 2 副本"蒙版内绘制

（11）新建"图层 4"，置于"图层 2"下方，设置前景色为白色。打开【渐变编辑器】对话框，选择前景色到透明的渐变，在"图层 4"中垂直向下绘制渐变效果，如图 17-118 和图 17-119 所示。

（12）选择【文件】/【打开】命令（Ctrl+O），打开素材图片，如图 17-120 所示。进入【通道】面板，选择"蓝色"通道进行复制，得到"蓝 副本"通道，如图 17-121 所示。

（13）选择"蓝 副本"通道，选择【图像】/【调整】/【色阶】命令，参数设置如图 17-122 所示，效果如图 17-123 所示。

图 17-118 新建"图层 4"

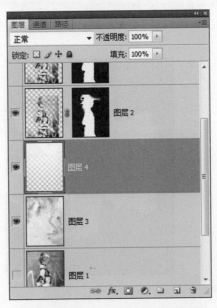

图 17-119 为"图层 4"填充渐变

图 17-120 导入素材图片

图 17-121 复制"蓝色"通道

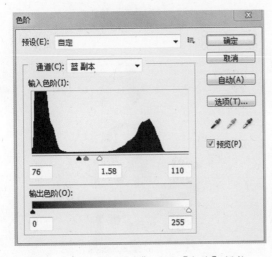

图 17-122 "蓝 副本"通道【色阶】调整

图 17-123 "蓝 副本"通道色阶调整效果

（14）结合套索工具和钢笔工具将多余的黑色填充为白色，整个花蕊变白，如图 17-124 所示。激活蒙版为选区，回到图层并按 Ctrl+J 快捷键，复制选区内容，如图 17-125 所示。

图 17-124　填充白色

图 17-125　去底

（15）将花卉移入"人物"文档中，生成"图层 5"，如图 17-126 所示。选择【图像】/【调整】/【色阶】命令，参数设置如图 17-127 所示。继续选择【图像】/【调整】/【色彩平衡】命令，参数设置如图 17-128 所示，效果如图 17-129 所示。

图 17-126　移入花卉

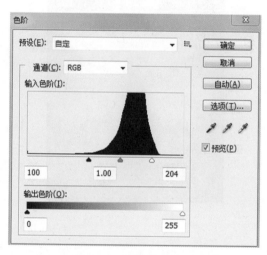

图 17-127　"图层 5"的色阶调整

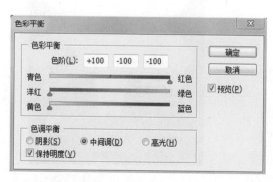

图 17-128　"图层 5"的色彩平衡

图 17-129　"图层 5"色彩平衡后效果

（16）原地复制"图层5"，得到"图层5副本"。选择【滤镜】/【模糊】/【高斯模糊】命令，参数设置如图 17-130 所示，效果如图 17-131 所示。

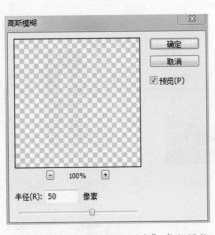

图 17-130　对"图层5副本"高斯模糊　　　　图 17-131　　"图层5副本"高斯模糊后的效果

（17）同时选择"图层5"与"图层5副本"进行复制，对复制后的副本选择【旋转】操作（Ctrl+T），并移动到如图 17-132 所示位置，重复操作一次，如图 17-132 ～图 17-134 所示。

图 17-132　复制"图层1"　　　　图 17-133　复制"图层2"　　　　图 17-134　复制"图层3"

（18）将"图层5"与"图层5副本"合成，命名为"图层5"。将图层的叠加模式改为"线性加深"，如图 17-135 所示。复制"图层5"，得到"图层5副本"。将图层模式改为"正常"，然后为"图层5副本"添加一个蒙版，擦去多余部分，如图 17-136 和图 17-137 所示。

（19）选择"图层5"，再次复制得到"图层5副本2"。按 Ctrl+T 快捷键，再右击并选择【垂直翻转】命令。重复按 Ctrl+T 快捷键并右击选择【水平翻转】命令，如图 17-138 和图 17-139 所示。

（20）选择所有图层，按 Alt+Ctrl+Shift+E 快捷键，复制并合并所有图层，然后置于顶层。选择【滤镜】/【画笔描边】/【阴影线】命令，参数设置如图 17-140 所示，效果如图 17-141 所示。

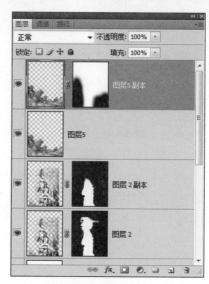

图 17-135 为"图层 5 副本"改变图　　图 17-136 为"图层 5 副本"增加蒙版　　图 17-137 "图层 5 副本"【图层】面板
层叠加模式

图 17-138 复制"图层 5"　　　　　　　图 17-139 选中"图层 5 副本"图层

图 17-140 【阴影线】参数设置　　　　　图 17-141 阴影线效果

（21）选择合成图层，选择【滤镜】/【纹理】/【纹理化】命令，参数设置如图 17-142 所示，效果如图 17-143 所示。

图 17-142 【纹理化】参数设置

图 17-143 纹理化效果

（22）新建"图层 6"，填充颜色为（R:254/G:226/B:178）。将图层模式改为【正片叠底】，【不透明度】选项值降低为 60%，效果如图 17-144 和图 17-145 所示。

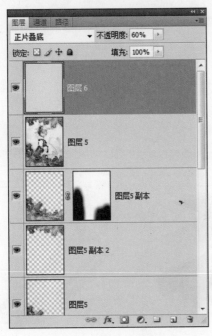

图 17-144 选中"图层 6"

图 17-145 最终效果

17.4 音乐女孩

（1）选择【文件】/【新建】命令（Ctrl+N），参数设置如图 17-146 所示。

（2）选择【文件】/【打开】命令（Ctrl+O），打开"扬琴"素材图片，如图 17-147 所示。激活"扬琴"路径，回到【图层】面板，按 Ctrl+J 快捷键。打开"扬琴"，移动到新建文档中，命名为"扬琴"，如图 17-148 所示。

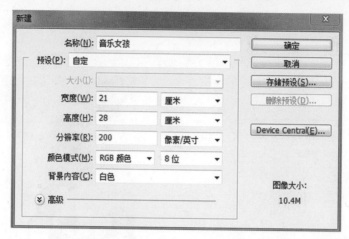

图 17-146　新建文件

图 17-147　"扬琴"素材图片

图 17-148　去底

（3）选择图层"扬琴"，按 Ctrl+T 快捷键，再按住 Shift 键等比例缩小物体，并右击，然后选择【变形】命令，效果如图 17-149 所示。

（4）用相同的方法导入素材图片"钢琴"，变形效果如图 17-150 所示。导入素材图片"萨克斯"，变形效果如图 17-151 所示。

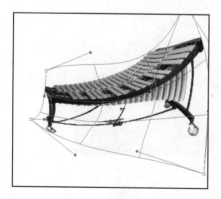

图 17-149　"扬琴"变形

图 17-150　钢琴变形

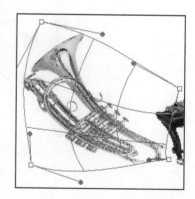

图 17-151　萨克斯变形

（5）继续用相同的方法导入素材图片"长笛"，变形效果如图 17-152 所示。导入素材图片"话筒"，变形效果如图 17-153 所示。

（6）分别将各素材图片图层以对应乐器名命名，并调整图层顺序与大小，如图 17-154 和图 17-155 所示。

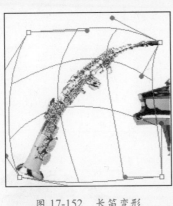

图 17-152　长笛变形

图 17-153　话筒变形

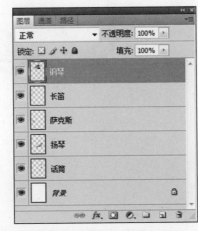

图 17-154　选中"钢琴"图层

图 17-155　变形后的效果

（7）按住 Shift 键的同时选择除"背景"图层以外的所有图层，拖到"新建图层"图标上进行复制，得到所有乐器图层的副本。按 Ctrl+E 快捷键合并所有副本图层，置于所有乐器图层之下，命名为"乐器合层"，如图 17-156 和图 17-157 所示。

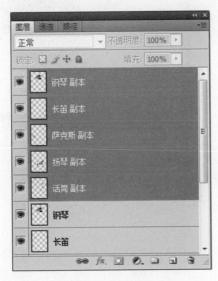

图 17-156　复制图层

图 17-157　合并图层副本

（8）按住 Ctrl 键激活"乐器合层"图层内选区。新建"图层 1"，置于顶层，命名为"乐器颜色"。在该图层选区内填充径向渐变颜色，如图 17-158 ～图 17-160 所示。

（9）选择"乐器颜色"图层，选择【滤镜】/【模糊】/【径向模糊】命令，参数设置如图 17-161 所示。

将图层模式改为【线性加深】,效果如图 17-162 和图 17-163 所示。

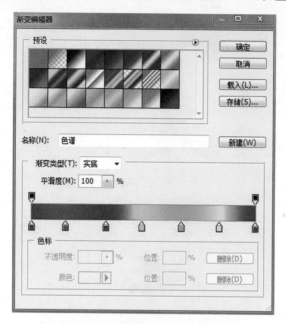

图 17-158　为"乐器颜色"图层设置渐变

图 17-159　为"乐器颜色"图层填充渐变

图 17-160　选中"乐器颜色"图层

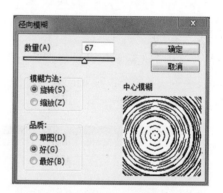

图 17-161　径向模糊"乐器颜色"图层

图 17-162　"乐器颜色"图层径向模糊效果

图 17-163　改变图层模式为【线性加深】

（10）选择"乐器合层"图层，按 Ctrl+F 快捷键。重复上一次【径向模糊】滤镜，效果如图 17-164 和图 17-165 所示。

图 17-164　模糊"乐器合层"图层

图 17-165　选中"乐器合层"图层

（11）新建"图层 1"，选择矩形选框工具绘制 4 个矩形，分别填充绿色（R:58/G:164/B:110）、黄色（R:255/G:241/B:16）、橙色（R:242/G:128/B:15）、红色（R:255/G:16/B:11），效果如图 17-166 和图 17-167 所示。

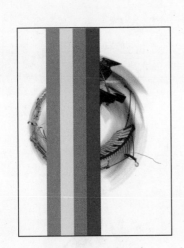

图 17-166　绘制色条

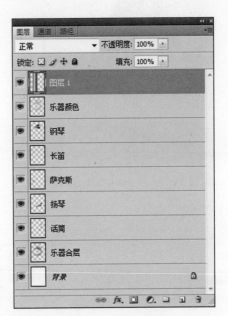

图 17-167　选中"图层 1"

（12）选择"图层 1"，按 Ctrl+T 快捷键，再右击并选择【变换】命令，变化效果如图 17-168 所示。将"图层 1"置于所有乐器图层下方，如图 17-169 和图 17-170 所示。

（13）选择【文件】/【打开】命令（Ctrl+O），打开人物素材，如图 17-171 所示。将素材移到新建文档中，并调整大小以适合文档尺寸，如图 17-172 所示，并将图层命名为"人物"。

（14）选择图层"人物"，选择【图像】/【调整】/【色阶】命令，参数设置如图 17-173 所示，效果如图 17-174 所示。

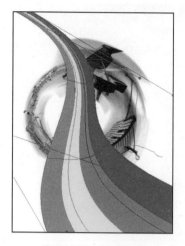

图 17-168　变形色条

图 17-169　调整图层顺序

图 17-170　调整顺序后的【图层】面板

图 17-171　打开人物素材图片

图 17-172　"人物"图层

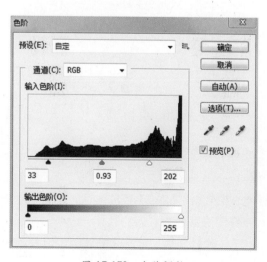

图 17-173　色阶调整

图 17-174　色阶调整后的效果

（15）为"人物"图层添加蒙版,结合钢笔工具与直线套索工具在蒙版内绘制如图所示区域,图像显示如图 17-175 和图 17-176 所示。

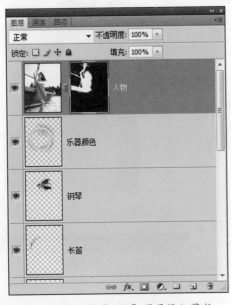

图 17-175 为"人物"图层添加蒙版

图 17-176 添加蒙版后的效果

（16）复制"人物"图层。选择新得到的"人物图层副本",选择【滤镜】/【艺术效果】/【木刻】命令,参数设置如图 17-177 所示。将图层副本的图层模式改为"叠加",效果如图 17-178 所示。

（17）选择除"图层 1"与"背景"图层以外的所有图层,拖到"新建图层"图标上进行复制,再对得到的所有副本执行【合层】操作（Ctrl+E）,命名为"合层人物",效果如图 17-179 所示。

图 17-177 【木刻】参数设置

图 17-178 叠加【木刻】效果

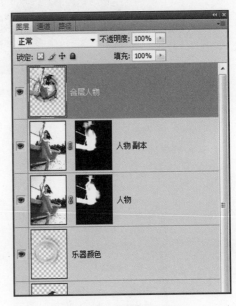

图 17-179 复制、合并图层

（18）选择"合层人物"图层,选择【滤镜】/【模糊】/【动感模糊】命令,参数设置如图 17-180 所示。将图层模式改为"强光",效果如图 17-181 所示。

（19）复制"合成人物"图层,将复制后的副本放置在"乐器合层"图层下方。把图层模式改为"正常",效果如图 17-182 和图 17-183 所示。

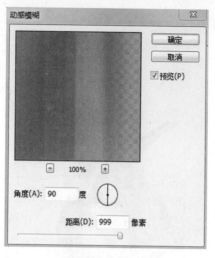

图 17-180　为"合层人物"图层设置【动感模糊】参数

图 17-181　"合层人物"图层【动感模糊】效果

图 17-182　复制"合成人物"图层

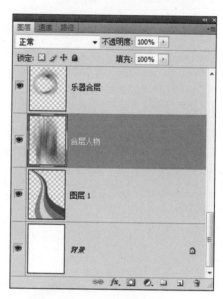

图 17-183　调整图层顺序

（20）新建图层并置于顶层上，命名为"装饰1"。选择椭圆选框工具绘制一个圆选区，选择【编辑】/
【描边】命令，参数设置如图 17-184 所示，效果如图 17-185 所示。

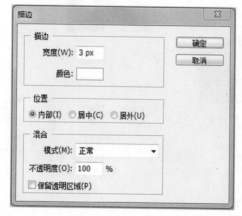

图 17-184　【描边】对话框

图 17-185　【描边】效果

（21）反复复制图层"装饰1"4次，并错开排列圆圈，效果如图17-186所示。合并所有圆圈图层，按Ctrl+T快捷键，再右击进行变换，效果如图17-187所示。

图17-186 复制图层"装饰1"

图17-187 变换圆圈

（22）为"圆圈"图层添加蒙版，遮去多余部分，并将图层置于"合层人物副本"下方，效果如图17-188和图17-189所示。

图17-188 为"圆圈"图层添加蒙版

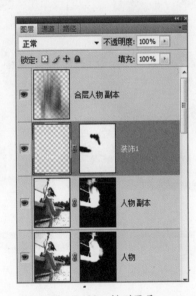

图17-189 排列图层

（23）双击"圆圈"图层，在弹出的【图层样式】对话框中选择"外发光"图层样式，参数设置如图17-190所示，效果如图17-191所示。

（24）新建图层，置于图层"装饰1"下方，命名为"装饰2"。选择形状工具中的音符♫，设置状态栏为"填充像素"，设置前景色为白色，绘制不同大小的音符，并使用选框工具分别选择并旋转，如图17-192所示。同时按住Shift键和Alt键，将"装饰1"效果复制到"装饰2"图层，效果如图17-193和图17-194所示。

（25）新建图层，填充颜色为（R:105/G:159/B:199），将图层的模式改为"颜色加深"，效果如图17-195和图17-196所示。

（26）新建图层，命名为"渐变"。选择椭圆选框工具，按住Shift键绘制圆形，如图17-197所示。

设置前景色为白色,填充白色到透明的线性渐变,并将图层的模式改为"叠加",如图 17-198 和图 17-199 所示。

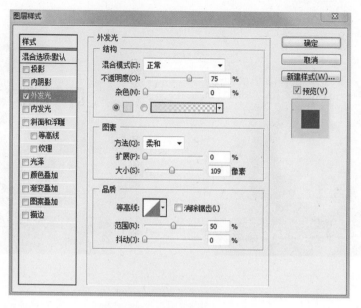

图 17-190 【外发光】图层样式

图 17-191 【外发光】效果

图 17-192 绘制音符

图 17-193 音符外发光

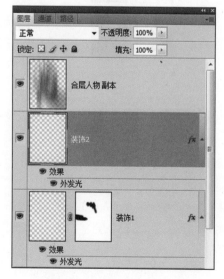

图 17-194 调整【图层】面板

图 17-195 新建填充图层

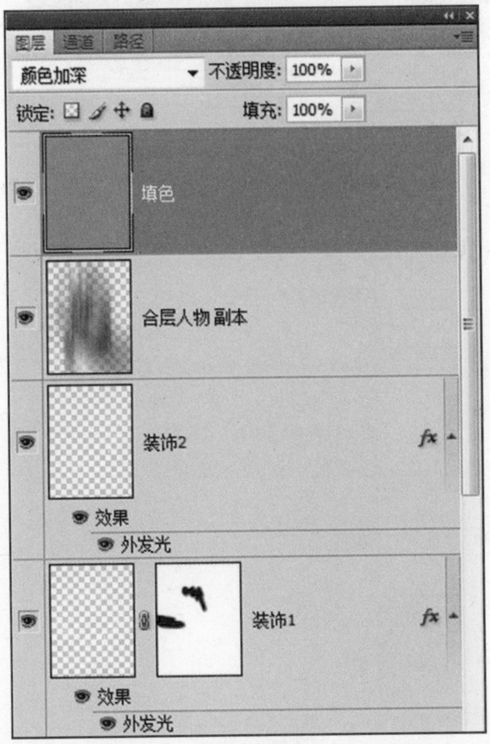

图 17-196　改变图层模式为"颜色加深"

图 17-197　绘制圆形

图 17-198　填充白色到透明的线性渐变

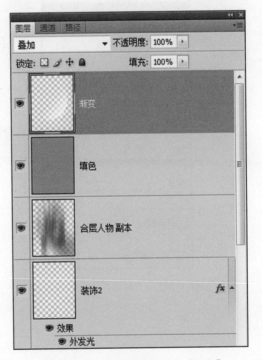

图 17-199　改变图层模式为"叠加"

（27）复制图层，围绕人物为中心旋转排列，效果如图 17-200 和图 17-201 所示。

（28）单击图层面板下方"创建新的调整或填充图层"按钮，在顶层增加色相的调整图层，参数设置如图 17-202 所示，最终效果如图 17-203 所示。

图 17-200　复制图层

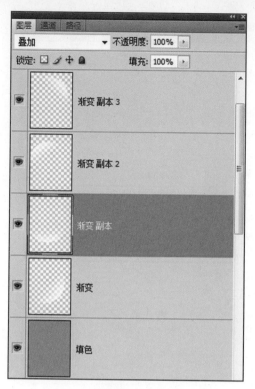

图 17-201　【图层】面板效果

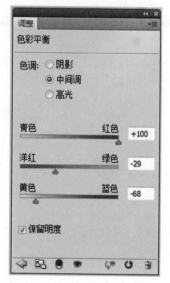

图 17-202　"色彩平衡"参数设置

图 17-203　最终效果

习题答案

第 1 章

1. 填空题

(1) 矢量图和点阵图　　(2) 青色、洋红、黄色、黑色　　(3) PSD

2. 选择题

(1) B　　(2) A　　(3) C

第 2 章

1. 填空题

(1) 色彩模式　　(2) 属性栏

2. 选择题

(1) B　　(2) B　　(3) A

第 3 章

1. 填空题

(1) Ctrl+S　　(2)【文件】/【置入】

2. 选择题

(1) A　　(2) A

第 4 章

1. 填空题

(1) 移动、选框　　(2) 变换

2. 选择题

(1) A　　(2) C

第 5 章

1. 填空题

(1) 选框　　(2) 套索工具、多边形套索工具、磁性套索工具和魔棒工具　　(3) 点、直线、曲线、矢量

2. 选择题

(1) C、A　　(2) A　　(3) A　　(4) C

第 6 章

1. 填空题

(1) 模糊工具　　(2) 阴影

2. 选择题

(1) A (2) C (3) C

第 8 章

1. 填空题

(1) 前景色、图案 (2) 径向渐变、角度渐变、对称渐变和菱形渐变

2. 选择题

(1) B (2) D

第 9 章

1. 填空题

(1)【曝光度】命令 (2)【色相/饱和度】命令

2. 选择题

(1) C (2) A

第 11 章

1. 填空题

(1) 普通图层、背景图层、文本图层、形状图层、填充图层和调整图层 (2) 混合模式

2. 选择题

(1) B (2) B

第 12 章

1. 填空题

(1) 变暗模式 (2) 不透明度

2. 选择题

(1) A (2) C

第 13 章

1. 填空题

(1) 内发光 (2) 颜色叠加、渐变叠加和图案叠加

2. 选择题

(1) B (2) D

第 15 章

1. 填空题

(1) 颜色通道、Alpha 通道和专色通道 (2) 颜色通道 (3) 快速蒙版、图层蒙版和矢量蒙版

(4) 矢量蒙版

2. 选择题

（1）D　　（2）C

第 16 章

1. 填空题

（1）锐化　　（2）RGB

2. 选择题

（1）B　　（2）A　　（3）C、D、E

参考文献

[1] 徐威贺. Photoshop CS2 从入门到精通. 北京：中国铁道出版社，2006

[2] 唐芸莉，李颖. 新编 Photoshop CS2 图像处理专家. 北京：北京希望电子出版社，2006

[3] 一线工作室. 非常简单学会 Photoshop CS4 图像处理. 北京：北京科海电子出版社，2009